インプレス R&D [NextPublishing]

New Thinking and New Ways
E-Book / Print Book

プログラミングの基本がJavaScriptで学べる本

佐藤 信正 著

憧れのプログラミングが
必ずわかる。
教材にもおすすめ。

はじめに

　これからコンピューターのプログラミングを勉強しようと思っている
ものの、実際に学習するのは難しいのではないかとためらっている方、
あるいは、一度はプログラミングを覚えようとしてみたものの、途中で
挫折してしまった経験のある方……、あなたはどうですか。

　本書は、そんな方々のために、コンピューターのプログラミングの入
門書を読む前に読んでいただく"入門前の第一歩"を意図して書かれて
います。プログラミング言語を学ぶうえで知っておきたい「基礎知識」
が容易に習得できるようにステップ・バイ・ステップの解説にしました。

　ですから、パソコンでキーボードとマウスは使ったことはあるけど、
プログラムはまったく作ったことがないという方にも読んでいただける
ようになっています。

　ただし最初にお断りしておくと、本書で扱っているプログラミング言
語はJavaScript（ジャバスクリプト）に限定しています。理由は、この
プログラミング言語が、簡単でかつ扱いやすいからです。しかも、ブラ
ウザで実行を確認できる手軽さもあります。

　JavaScriptの基礎が理解できれば、そこから他のプログラミング言語
の理解へもつながるでしょう。例えば、入出力、処理、変数、関数、条
件判断などの、本書で学ぶプログラミングの基本はどのプログラミング
言語にも当てはまります。

　JavaScriptというプログラミング言語は、当初Webページで利用する
ために開発されました。そんなわけで、Webページとの相性の良さは今
でも続いています。Webページのデザインをしている方が本書でプログ
ラミングを学びながらJavaScriptについても覚えれば、Webページ開発
のスキルがぐんと高まります。

ほかにも本書には、次のような特徴があります。

準備に手間取らない

本書では、プログラミングを始める際の準備に手間取らないように、できるだけ準備作業を減らしています。

現在、プログラムの多くは、「統合開発環境」と呼ばれるアプリケーションを使って作成されています。統合開発環境というのは、プログラム開発の全工程を補助するための機能を持つ特殊なアプリケーションです。本格的なプログラムを作成するためには欠かせません。

しかし、こうした開発環境用のアプリケーションを使うには、それなりの理解と準備が必要です。その理解と準備の作業自体が、プログラミングの初心者には、プログラミングを学ぶ前の大きな難関になっているのが現状です。

本書ではそれを避け、あえて統合開発環境を使わない道を選びました。代わりに、エディタとブラウザの2つを使うだけの、きわめてシンプルな環境で、簡便なプログラミングを実施しています。

プログラムの文字を書くためのエディタと実行するためのブラウザは、WindowsとMacには標準で備わっています。思い立てば、すぐにプログラミングの学習が開始できます。

すぐに動く、動いてわかる

プログラムの開発は多くの場合、プログラムを書いても実際に動作させるまでには、いろいろと手順を踏む必要があります。高度なプログラムを開発するにはそうした手順も欠かせませんが、プログラミングをこれから学ぼうという人には、この手順をそのまま踏んでいくのは得策ではありません。プログラミングの楽しさを感じる前に煩雑な手順に疲れてしまうでしょう。

本書では、その点を改善し、プログラムをJavaScriptファイルにした

ら、すぐにブラウザで動かせるようにしました。「プログラムが動く」という体験を繰り返し、楽しさを実感してもらいます。この楽しい体験が、プログラミングの理解を容易にしてくれるはずです。

最初は1行のプログラム

　最初に学ぶのは1行のプログラムです。とにかく1行だけ決まりに沿って文字を書いていけば、プログラムになるのです。

　そして、この1行が成功すれば、次は2行にというように増やします。このように、一歩一歩学んでいって、最後は本格的なプログラムに成長します。

　解説は、理解の積み重ねが容易にできるように工夫しました。1つのことを理解したら、それを足がかりに次の説明につなげ、無理なく理解を積み重ねられるはずです。

短い時間で学べる

　1つの章を学習するのにどのくらい時間がかかるかは、人それぞれです。しかし、できるだけ短い時間で1つのまとまりが学べるように、1つの章のボリュームは少なめにし、解説は簡潔にしました。

　章は8つあります。プログラミングの基本を1日1つずつ学ぶなら8日間で終わります。

　それぞれの章はボリュームが少ないので、もっと早く学習を終えることもできるかもしれません。逆に、作成したプログラムが思い通りに動かずに振り返るのに手間取り、予定をオーバーすることもあるかもしれません。しかし、たとえ、プログラムがスムーズに動かなくても諦めないでください。作成するプログラムの基本機能は短く、発展のステップも少しずつ踏んでいます。最初から作り直しても、それほど時間はかからないでしょう。

はじめに　5

本質的な説明を目指した

　本書はプログラミングを学ぶための「入門の入門書」ですが、だからこそプログラミングの本質が理解できるような説明を心がけました。例えば、関数の説明などでは、関数の本質がわかるように配慮しています。ある程度、JavaScriptでプログラミングできる人でも、「そうだったのか！」と思う発見があればと願っています。

　では、実際にプログラミングの学習を始めていきましょう。

目次

はじめに ……………………………………………………………… 3

第1日　プログラミングを始める前に ……………………………… 10
　1.1　プログラミングとは、プログラムを作ること ……………… 10
　1.2　プログラムはプログラミング言語で書く …………………… 11
　1.3　プログラミング言語にはいろいろある ……………………… 13
　1.4　プログラムの開発環境と実行環境を整える ………………… 17
　1.5　準備するのはエディタとWebブラウザだけ ………………… 17
　1.6　メモ帳の扱い方 ………………………………………………… 20
　1.7　まとめ …………………………………………………………… 24

第2日　プログラミングを始めよう ………………………………… 26
　2.1　プログラムを1行書きましょう ……………………………… 26
　2.2　プログラムであることを指定する …………………………… 28
　2.3　ファイル名に.htmlを付け、UTF-8で保存する ……………… 30
　2.4　いよいよプログラムを実行する ……………………………… 33
　2.5　おめでとう！ …………………………………………………… 35
　2.6　もし、うまくいかなかったら？ ……………………………… 36
　2.7　別のメッセージを表示しよう ………………………………… 37
　2.8　HTMLファイルについて補足 ………………………………… 38
　2.9　まとめ …………………………………………………………… 40

第3日　変数について知ろう ………………………………………… 41
　3.1　変数はデータの名札 …………………………………………… 41
　3.2　プログラムに変数を使う ……………………………………… 45

3.3 文字列の連結	46
3.4 データを入力しよう	49
3.5 入力を促すメッセージを表示	52
3.6 まとめ	53

第4日　計算をしてみよう　55

4.1 プログラムに計算をさせてみよう	55
4.2 計算プログラムを組み立てよう	57
4.3 デバッグ（プログラム修正）をしよう	61
4.4 動作がなんか変だ	64
4.5 小数点表示の整理	67
4.6 まとめ	68

第5日　条件を判断する　70

5.1 プログラムに判断をさせる	70
5.2 条件判断の動作を指定する	71
5.3 条件が偽のときの動作も指定する	76
5.4 やせ過ぎの判定はどうしよう？	80
5.5 条件を重ねる	83
5.6 もう1つの条件の重ね方	86
5.7 まとめ	88

第6日　処理を繰り返す　89

6.1 プログラムの構造	89
6.2 プログラムの3構造	91
6.3 反復処理を指定する	96
6.4 for文と配列変数	105
6.5 わかりやすいプログラムを実現する「構造化プログラミング」	112

6.6　まとめ ……………………………………………………… 113

第7日　関数を定義する ……………………………………………… 115

7.1　関数の考え方 …………………………………………………… 115

7.2　関数の定義方法 ………………………………………………… 117

7.3　関数の働きをプログラミング ………………………………… 118

7.4　関数の使い方 …………………………………………………… 121

7.5　なぜ関数の定義が必要なんだろう？ ………………………… 124

7.6　まとめ …………………………………………………………… 125

総集編　基本の基本でも、プログラムは作れる！ …………………… 126

著者紹介 …………………………………………………………… 133

第1日　プログラミングを始める前に

「プログラミングを学びたい」と思っていても、具体的に何をすればいいのか。手がかりがなければ途方に暮れるだけです。そこでまず、プログラミングの意味やプログラミングの環境について、簡単にお話ししましょう。

1.1　プログラミングとは、プログラムを作ること

　最初に、「プログラミング」という言葉と「プログラム」という言葉との違いを説明しましょう。「プログラミング」というのは、「プログラムを作ること」です。

　では「プログラム」とは何かというと、「あらかじめ用意した一連の動作の指示」です。少し表現が抽象的かもしれません。例を挙げてみましょう。

　例えば、テレビで次々と放送される番組のことも「プログラム」といいます。また、音楽会などで順に演奏される演目も「プログラム」と呼ばれます。この2つの「プログラム」はコンピューターの「プログラム」が一般に広まる前から使われていました。

　しかし現在では、コンピューターに対する「あらかじめ用意した一連の動作の指示」という意味での「プログラム」という言葉も広く使われるようになっています。

|||||||||||||||||||||||||||||||||||||||||||||||||||||||||||||||||||||||||||||||||||||||||||||||||||||||||||||
【コラム】「プログラマー」は「プログラム」を作る人

　関連した言葉として、「プログラマー」も覚えておきましょう。「プログラミングをする人」のことです。本書を読んでいるみなさんも、次章からはプログラマーの仲間入りです。ただし、

10　　第1日　プログラミングを始める前に

普通はプログラミングを職業としている人を指すことが多いようです。

‖‖

‖‖

【コラム】プログラム（program）は、proとgramでできている

　ついでに、「プログラム」の元の意味も確認しておきましょう。プログラムは、もともとは英語で、"program"と書きます。この"program"を見るとわかりますが、意味的には、"pro-"（プロ：あらかじめ）、"gram"（グラム：書かれたもの）が合わさってできています。つまり、プログラムというのは、動作の指示を「あらかじめ書いたもの」ということになります。

‖‖

　まとめましょう。プログラミングとは何か？　それは、「コンピューターに対して、あらかじめ用意した一連の動作の指示を書くこと」です。

1.2　プログラムはプログラミング言語で書く

　プログラムとは「あらかじめ用意した一連の動作の指示」でした。この指示をコンピューターに与えるときには、「プログラミング言語」を使います。プログラミング言語というのは、コンピューターが理解できるようにした言語のことです。ですから、人間の言語とは仕組みが違っています。1つ例を挙げてみましょう。例えば、次のリストがプログラムです。

```
function factorial(n){
    if (n == 0) { return 1}
    else {return n * factorial(n - 1)}
}
alert(factorial(6));
```

　いかがですか。これだけを見せられたのでは、プログラミングに慣れていない人には、何がなんだかわかりませんね。最初に難しそうなプロ

第1日　プログラミングを始める前に　　11

グラムを見せられて、どんな感想をお持ちになったでしょうか。

「プログラミングをする気をなくした」としたら、ごめんなさい。最初は「こんなの自分にできるわけない」と思っても不思議ではありません。でも、ここで諦めないでください。

初めて見たプログラムが「何がなんだかわけがわからない」には、理由が2つあります。

難しそうに見える理由① ―― 英語だから

プログラムが難しそうに見える理由の1つは、英単語が多いからです。"function"、"factorial"、"if"、"return"、"else"、"alert"。英単語ばっかりです。ちなみに、これらを順に日本語で意味を書くと、「関数」「階乗」「もし（仮に）」「返却」「あるいは」「警告」となります。

やっかいなことなのですが、プログラミングを学ぶということは、こうした英語の単語を学ぶということでもあるのです。

でも、とりあえず覚える必要があるのは、30語から、せいぜい100語くらいまでです（考え方によって、個数には幅があります）。

これらの、プログラミングで覚えるべき英単語の多くを「予約語」といいます。プログラミング用に"予約された英単語"ということです。イベントやコンサートなどで、予約席に勝手に座ってはいけないように、予約語はプログラムをする人が勝手に利用することはできません。そのプログラミング言語の規則に沿って使うのが「予約語」です。あとで説明しますが、予約語は変数の名前には利用できません。

正確にいうと、先のプログラム例に登場した英単語の中では、"factorial"だけは予約語ではありませんでした。プログラミングする人（プログラマー）が自由に決めることができる部分です。

難しそうに見える理由② ―― 全体の意味がわからない

もう1つ、プログラミングがわからない理由は、全体として意味が不

明だからです。

　今、例示したプログラムを日本語で書くと次のようになりますが、さて、意味は通じますか（ここでは、nは「な」と表現した）。おそらく、全体の意味はよくわからないのではないでしょうか。

```
関数　階乗(な){
　　もし（な == 0）{ 返却 1 }
　　あるいは {返却　* 階乗(な - 1)}
}
警告(階乗(6));
```

　それでも、こんなふうに日本語だったら、少しは意味がわかりそうな印象も出てきます。つまり、英語を使う人たちにとってプログラムは、こんなふうに見えているということです。

　プログラムが日本語の単語を含めて書かれていても、はっきりとは意味がわからないのは、全体として見れば、これは日本語の文章ではないからです。そうかといって、英単語が使われていても、プログラムは英語の文章でもありません。

　逆にいうと、これがプログラミング言語という言語の特徴です。

　プログラムはそもそも、人間の言葉（言語）ではないのです。コンピューター向けの、コンピューターに動作を指示するための言語です。

　そのプログラミング言語は、1種類ではありません。

1.3　プログラミング言語にはいろいろある

　コンピューターに指示を伝えるための言語がプログラミング言語です。これは、いろいろな種類があります。まるで人類の言語が多様であるのと似ています。人類の言語には、英語、フランス語、中国語、ドイツ語、フラマン語（ベルギーなどで使われている）、アフリーカンス語（南アフ

リカの一部で使われている）、クリンゴン語（「スタートレック」の宇宙人が使う）などさまざま存在します。

　では、プログラミング言語には、どれくらいの種類があるのでしょうか。一言でいうと、たくさんあります。そして、けっこう流行があります。2016年時点の、主要プログラミング言語のトップ10を「電気電子技術者協会（IEEE）」の資料で見ると、次のようになっています。

1　C（シー）「C言語」と呼ばれることもあります。

2　Java（ジャバ）「コーヒー」の隠語です。

3　Python（パイソン）　元の意味は「ニシキヘビ」

4　C++（シー・プラスプラス）　Cに近いプログラミング言語

5　R（アール）「R言語」と呼ばれることもあります。

6　C#（シー・シャープ）　Cに近いプログラミング言語

7　PHP（ピーエイチピー）　Webページ用のプログラミング言語

8　JavaScript（ジャバスクリプト）　この本で説明します。

9　Ruby（ルビー）　日本人が作成したプログラミング言語

10　Go（ゴー）　Google社が作成したプログラミング言語

　このリストを眺めて見て、どういう印象を持ったでしょうか？
「よくわからないけど、Cの仲間みたいに、Cを使った名前のプログラミング言語が何度も出てくるのが気になる」という感想が聞かれそうですね。たしかに、プログラミングを職業にするなら、Cが扱えると良い面があり、重要な言語の1つです。ロボット制御からゲームまで各種のプログラムでCの仲間が利用されています。

　こうなると、プログラミングを学ぶならCというプログラミング言語を学ぶと良いのではないかと思う人も出てくるでしょう。しかし、問題が2つあります。Cは少し難しく、しかも慣れないと、扱いづらい部分があります。そこで、最初のCから改良が加えられ、C++やC#ができたわ

けですが、それでもまだ、けっこう難しいプログラミング言語です。

　次に、重要なプログラミング言語は、2番目にあるJavaでしょう。リストによっては、Javaが1位に来ることもあります。それほど人気がある言語なので、Javaが使いこなせれば、プログラミングを職業にできます。ですが、これもまた、それなりに難しい言語です。本書で取り上げるJavaScriptは、そのJavaの理解の入門に位置づけることができます。本書でプログラミングに慣れれば、Javaの理解にも近づけることになります。

　ちなみに、人気5位のRについて触れておくと、これは統計解析専用のプログラミング言語です。通常のプログラミング言語ではありません。近年、「ビッグデータ」と呼ばれる膨大なデータを解析してビジネスで利益を上げたり、社会問題を解決しようとしたりする試みが進んでいますが、こうした分野に適したプログラミング言語です。これも詳しくなれば、職業にできるでしょう。

　ほかにも、特定分野だけで使うプログラミング言語がいろいろあります。先のリストにはありませんでしたが、SQL（エスキューエル）という、データベース用のプログラミング言語も広く利用されています。

なぜ本書では、JavaScriptを用いるのか？

　各種のプログラミング言語の中から本書が、なぜ、プログラミングを学ぶ素材となる言語にJavaScriptを選んだのか、その理由を述べておきましょう。理由は、4つあります。

① 現在の主要なプログラミング言語の中では比較的平易だから
② CやJavaなど、他のプログラミング言語の基本も学べるから
③ プログラミングの準備が簡単だから
④ Webページで実行確認をし、すぐに活用できるから

JavaScriptは、他の主要なプログラミング言語に比べて容易に学べ、そして扱うことができます。例えば、CやJavaなどでは、数を扱うとき、それが整数なのか小数のかは、最初に厳密に定義しないと使えません。

　正直にいえば、PythonやRubyも基本の部分は簡単です。では、なぜこれらの言語よりJavaScriptの学習を勧めるのかというと、扱い方の点でより簡単だからです。JavaScriptなら「メモ帳」(エディタ)とブラウザがあれば学ぶことができます。PythonやRubyは、そこまで簡単でもありません。これらのプログラミング言語を学ぶときには、前もって準備が必要になります。

　また、JavaScriptを学べば、作ったプログラムはWebページですぐに活用できます。Webデザイナーなら、たちまち仕事の幅が広がります。

　でも、JavaScriptも良いことばかりではありません。デメリットもあります。複雑な動作や高速な動作をするプログラム作成には向かないことです。ドローンの制御や3D映像のゲーム作成などは不得手とする分野です。

プログラミング言語が違っても基本は同じ

　以上のように、プログラミング言語はいろいろあります。いろいろある理由は、生物が進化の過程で、いろいろな種類に分かれたのと基本的には同じです。簡単にいえば、各種の違いは、実現したい内容やプログラマーの好み、プログラムの用途などによるものでした。かつては、計算はFortran、事務処理はCOBOLという2つのプログラミング言語が活躍した時代もありました。

　そうはいっても、原理的には、あるプログラミング言語にできて他のプログラミング言語にできないということはほとんどありません。ただし、プログラミング言語の選択によっては、プログラム作成の効率や実行の速度が違うということはあります。すでに触れましたが、3Dで動くようなゲームソフトをJavaScriptで作成することは無理があるでしょう。

16　　第1日　プログラミングを始める前に

のろのろしすぎといった結果になります。

1.4 プログラムの開発環境と実行環境を整える

　CやJavaなどでプログラムを作成するときは、最初にプログラムの開発環境と実行環境を整えるという作業をします。この2つをまとめた「統合開発環境」というものもあります。これらは、職業的なプログラマーが本格的なプログラムを作るときには欠かせないものですが、逆に、プログラミングの入門者には、準備も難しく、その機能を覚えるのも大変です。

　そこで本書ではあえて、エディタとブラウザだけを使うという簡便な開発環境でのプログラミングを紹介することにしました。

1.5 準備するのはエディタとWebブラウザだけ

　エディタだけという簡素な開発環境ですが、JavaScriptのプログラムは作ることができます。また、実行環境としては、これまた手軽なブラウザだけを使います。いずれも、パソコンを購入すると、標準でついてくるアプリケーションです。ちなみに、エディタというのは、簡易的なワープロソフトと思ってください。

　これからの説明では、Windowsパソコンでの例で、その使い方を示します。なお、本書ではWindowsパソコンの環境を例にしますが、エディタとブラウザを使えるという点では、Macも基本的には同じです。

エディタには「メモ帳」を使う

　Windowsには「メモ帳」というソフトが標準でついています。このメモ帳をエディタとして使うことにします。メモ帳は、［プログラム］のリストの［Windowsアクセサリ］の中に入っています（図1-1）。見つからないときは、検索メニューで「メモ帳」または「notepad」というキー

第1日　プログラミングを始める前に　　17

ワードで探してください。

図1-1　メモ帳をスタートメニューから起動する

ブラウザには「Chrome」がお勧め

　ブラウザには、Google Chrome（以下、Chrome。クローム）がお勧め――といって、標準ではないブラウザを紹介します。手軽にということで、エディタには標準についてくる「メモ帳」を紹介しましたが、ブラウザが標準を外れるのには理由があります。

　Windowsには、最初から付属のブラウザがありますが、Windowsの種類によって付属しているブラウザが異なることが1つ目の理由です。Windows付属のブラウザは、Windows10以前はInternet Explorer（IE）でした。このIEには、各種のバージョンがあり、微妙に機能が異なります。また、Windows10ではさらに、Edgeというブラウザが登場し標準となりました。

　このような標準添付にこだわると、説明が煩雑になる可能性があります。それを回避するために本書では、プログラミングを学ぶという目的から、Chromeというブラウザを勧めることにしました。

　Chromeブラウザは、どのWindowsでも基本的に同一の機能を発揮し、そのうえ、Macや各種スマホなどでも利用できます。

　なにより、国際的にもっとも利用されているブラウザがChromeです。

ただし、厳密にいうと日本国に限定すれば、2016年末の時点ではIE 11がChromeより少し多く利用されていました。

|||||||||||||||||||||||||||||||||||||||||||||||||||||||||||||||||||||||||||||||||
【コラム】Chromeを用意する

Chromeを用意していない人は、以下の手順で用意できます。Google社が配布しています。

① Chromeは、Windowsに用意されているEdgeやIEを使って、Google社の次のWebページから入手します。

https://www.google.co.jp/chrome/browser/desktop/

② 図1-2のようにWebページを開いたら、「Chromeをダウンロード」のボタンをクリックし、指定されたファイルをダウンロードします。
なお、このダウンロード用のWebページの表示やデザインは今後変わるかもしれません。確認しながら、操作してください。

図1-2　Chromeを提供するWebページ

③ 次に、ダウンロードしたファイルをダブルクリックして起動し、表示される指示に従って手順を進めるだけで、Chromeをインストールすることができます。

インストールしたChromeは、図1-3のように、[プログラム]にリストアップされます。

図1-3　インストールされたChrome

以上で、WindowsパソコンでChromeが利用可能になります。

||||||||||||||||||||||||||||||||||||||||||||||||||||||||||||||||||||||||||||||||||||||||||||||||||||||

1.6　メモ帳の扱い方

これからプログラム作成でなんども使うことになるメモ帳について、準備の設定や基本的な扱い方を覚えておきましょう。

以下、手順で説明します。手順通りに作業してみてください。

① メモ帳を起動する

メニューからメモ帳を起動します。

図1-4のように、真っ白な画面が表示されます。

図1-4　起動したメモ帳の画面（一部）

20　　第1日　プログラミングを始める前に

② **フォントを選ぶ**

　プログラムは主に、アルファベットと数字で書かれます。このアルファベットと数字の中に似たような文字がいくつかあります。例えば、「o」（オー）と「0」（ゼロ）、そして「I」（アイ）と「l」（エル）もそうです。このように似た文字はプログラムの誤りの原因となることもあります。

　実は、Windowsには、プログラミングに向いたフォント（文字種）が用意されています。そのようなフォントを選んでプログラミングすると、作成するときのミスを少なくすることができ、さらに、でき上がったプログラムが読みやすくなります。

　フォントを選ぶには、図1-5のように、「書式」メニューから「フォント」を選びます。

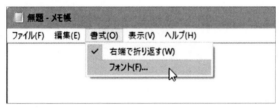

図1-5　「書式」メニューから「フォント」を選ぶ

　すると、図1-6のように、「フォント」のダイアログが表示されます。ここで、フォントの各種設定を行います。
「フォント」は好みに合わせてどれを選んでもよいのですが、お勧めしたいのは、「consolas」というフォントです。「フォント名」から選んでください。このフォントはプログラム用にできています。

　もちろん、サンプルの表示を見て気に入ったフォントがあったら、それを使ってもいいでしょう。

　あとの設定は、お好みでよいと思います。

　ここでは、「スタイル」は「標準」に、「サイズ」は、12か14くらいをお勧めします。見やすさが優先です。

図1-6　プログラミング用のフォントを選ぶ

「文字セット」は通常、「欧文」とします。JavaScriptのプログラムは英語で書くからです。「欧文」を選んでも、プログラムの内部に日本語の注釈を書くことはできます。

　以上が決まったら、「OK」ボタンをクリックします。これでプログラミングに使う文字が決まりました。

　ここでいったん、メモ帳は終了しておきます。フォントの設定は、次回以降のメモ帳の起動でも有効です。

||||||||||||||||||||||||||||||||||||||||||||||||||||||||||||||||||||||||||||||||||||||
【コラム】専用エディタについて

　本書では、プログラムの作成にメモ帳を使います。しかし、プログラムを書くことはできても、プログラミング専用ではないメモ帳では、書いたプログラムの仕組みが一目ではわかりにくいところがあります。例えば、メッセージを表示する指示を入れたのに、その部分が、内容をよく読まないと見分けがつかないなどのようなことが起きます。予約語であるalertも、メッ

セージであるHelloも区別なく見えるからです。

　予約語とメッセージが色分けされていると見やすくなると思いませんか。それを実現しているのが、プログラミング専用のエディタです。

　専用エディタは、JavaScriptやWebページの規則であるHTMLなどの文法を理解していて、プログラムを書いている時点でプログラムの構造を色分けして見せてくれます。また、文字コードも最初からプログラミングでよく使うUTF-8に決められているので便利です。

　今後、プログラム開発の道に進むことも想定して、専用エディタを1つ紹介しておきましょう。

　Windowsを使う人で、JavaScriptの専用エディタとしてお勧めしたいのは、マイクロソフト社がインターネットを通して無料で配布している「Visual Studio Code（ヴィジュアル・スタジオ・コード）」です。次のWebページからダウンロードできます（図1-7）。

http://code.visualstudio.com/

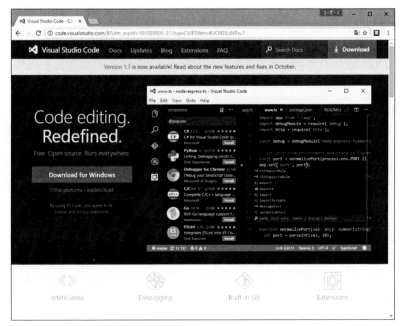

図1-7　Visual Studio Codeを配布するWebページ

　Visual Studio Codeでは、JavaScriptプログラムの内部が色分けされて表示されます（図1-8。実際には色分けされて表示される）。

　ここでは、Visual Studio Codeの詳しい説明は割愛しますが、こうした専用エディタを使う

図1-8　Visual Studio Codeでプログラムを書いてみる

　と、HTMLのタグなどがきれいに色分けされて表示が見やすくなり、その分、入力ミスなどによる間違いも減ります。
　ただし、最初に述べましたが、専用エディタは便利な反面、機能が豊富なので、最初は使いこなすのが難しいかもしれません。少し、JavaScriptプログラミングに慣れてきたところで、利用を検討しても遅くないでしょう。

||||||||||||||||||||||||||||||||||||||||||||||||||||||||||||||||||||||||||||||||||

1.7　まとめ

　本章では、プログラミングを始める前に知っておくべきことと、最少限度準備しておくことを解説しました。最後に主な事柄について、まとめておきます。
　本書で用いるプログラミング言語は、JavaScript。用いる理由は、他の主要なプログラミング言語に比べて平易で、学習向きと考えたからです。
　もう1つは、開発環境についてです。プログラムの作成では、通常、開発効率を高めるために開発環境と実行環境が必要になります（両方の機能を兼ね備えた統合開発環境もある）。
　しかし、本格的な開発環境と実行環境は、それだけで覚えることがたくさんあり、プログラミングに簡単に入っていけません。プログラミングの初心者向けではなく、かえって、学ぶうえで支障をきたすこともあります。

そこで本書では、スムーズにプログラミングの学習に入っていけるように、簡便な開発・実行環境として、エディタ（メモ帳）とブラウザ（Chrome）を用いることにしました。

　さて、ここまでのことを理解して、プログラミングの世界に一歩を踏み出してみましょう。

第2日　プログラミングを始めよう

　プログラミングの入門として本書が、JavaScriptを取り上げた理由の1つ
は、簡単に扱えることでした。その一番特徴的な例として挙げられるのは、
JavaScriptならたった1行でもプログラムができることです。本当に、たっ
た1行でよいのです。ということなので、さっそくプログラムを1行書いて、
実行してみましょう。さあ、プログラミング体験の始まりです。

2.1　プログラムを1行書きましょう

　いよいよ、プログラムを作成します。

　といっても、次の1行だけです。「えっ、たったこれだけ」と拍子抜け
した人もいるかもしれません。そうです。これだけでも、きちんとした
JavaScriptプログラムなのです。

```
alert("Hello world !");
```

　図2-1のようにメモ帳を開き、この1行を書き込んでください。

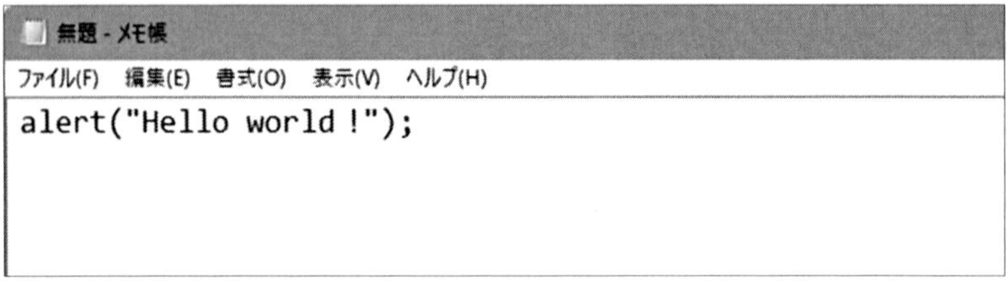

図2-1 メモ帳に1行のプログラムを書き込む

26　｜　第2日　プログラミングを始めよう

できましたか。

ここで、JavaScriptプログラムの書き方について、少し解説しましょう。

JavaScriptの構文を覚えよう

JavaScriptでは、プログラムは通常英文で書きます。日本語の全角文字は使いません。特に、カッコ記号には、英文の（）記号と、日本語の（）記号がありますが、プログラミングでは、かならず英文の（）記号を使ってください。

さらに大切なこととして、プログラムを書くときには、スペリングにミスがないようにしてください。alertは、alartではありません。つい、耳に残るローマ字発音で書いてしまうことがあります。注意深く、1文字ずつ見直し、間違いのないようにしましょう。

でも仮に、スペリングを間違えたらどうなるのでしょうか？

安心してください。爆発はしません。パソコンも壊れません。ただし、プログラムは、動作しません。なにも表示されません。少しくらい間違っていても大丈夫だろうという思いは、コンピューターには通じません。プログラミングでは許されないことなのです。ここが、プログラミングのやっかいなところです。

じっくり見直しをしよう

プログラムはちょっとのミスでも動いてくれません。じっくり見直しましょう。

さあ、目をこらして、カッコとクォーテーション・マーク、そして最後のセミコロン（;）も英文の記号を使って正確に入力されているか確認してください。JavaScriptの1行の最後はかならずセミコロンになります。

大丈夫ですか。

ずいぶん厳しくいいましたが、例外もあります。クォーテーション・マークで囲んだ「Hello world !」のスペリングについては間違って

第2日 プログラミングを始めよう 27

も、コンピューターは動いてくれます。ここは、自由に書けるメッセージだからです。間違えれば、メッセージは間違ったまま表示されるだけです。

　ということで、メッセージ部分以外が、実際のプログラムになるわけです。つまり、この1行のJavaScriptプログラムの中で一番プログラミングらしいのは、alert( )の部分です。

alert( )の意味

　alert( )の意味は、「( )の中のクォーテーション・マークで指定した文字を表示せよ」という指令です。だから、クォーテーション・マークの内側なら、間違えたスペリングはそのまま表示されるだけです。

　alert( )は元来、Webで発する警告を表示するための仕組みです。だから、英語のalert（警告）という単語を使っているのです。でも、ここでは、警告文ではなく、普通に「Hello world !」というメッセージを表示させることにしました。

2.2　プログラムであることを指定する

　いかがでしたか。たった1行ですが、プログラムができました。

　しかし、今のままでは、Webで使うことはできません。Webでプログラムを使うには、プログラムであることをWebに知らせる指定を入れます。

「プログラムであることをWebに知らせる指定」というのは、なんだか難しそうですね。

　なぜ、「プログラムであることをWebに知らせる指定」が必要かというと、プログラムも文字で書くので、Webページを書くためのHTML規則に沿って書かれた文字と区別する必要があるためです。

　別の言葉でいえば、「プログラムであることをWebに知らせる指定」が

28　　第2日　プログラミングを始めよう

ないと、今作ったプログラムはWebページの中に、そのまま「alert("Hello world !");」と表示されるだけで、プログラムとしては扱われません。プログラムにならずに、HTML規則で書かれたWebページの地の文に紛れ込んでしまうわけです。

というわけで、プログラムとして書いた文字が、Webそのものを書く文字部分ではなく、プログラムの部分であることがわかるように区別できるようにする必要があります。その区別のために用いられるのが、scriptタグです。

scriptタグは、HTMLの規則の1つです。

scriptタグは、<script>と</script>とを対で使います。この2つでプログラムの部分を挟みます。

<script>のように山カッコだけで始まる指定を開始タグといい、また</script>のように山カッコにスラッシュ(/)が付いた指定を閉じタグ（または終了タグ）といいます。

さて、先ほど書いた1行のプログラムを<script>と</script>で挟んでプログラムであることを示すと、次のようになります。

```
<script>alert("Hello world !");</script>
```

<script>と</script>の指定も、JavaScriptプログラムと同様、1文字も間違わないように入力してください（図2-2）。

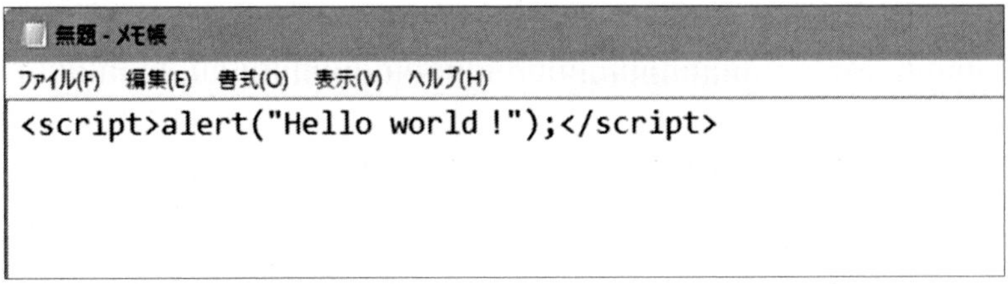

```
■ 無題 - メモ帳
ファイル(F)  編集(E)  書式(O)  表示(V)  ヘルプ(H)
<script>alert("Hello world !");</script>
```

図2-2　メモ帳に1行のプログラムを書き込む

第2日　プログラミングを始めよう　29

ちなみに、scriptという英単語は「脚本」という意味があります。脚本は、演劇などでセリフや演技を時系列に並べて指定するものなので、プログラムであることを比喩的にわかるようにしています。

2.3　ファイル名に.htmlを付け、UTF-8で保存する

あともう少しで、プログラムが完成です。そして、プログラムが完成したら、ファイルとして保存する必要があります（中途状態で保存することもある）。

このとき、重要なことが2つあります。

① ファイル名の末に.htmlを付ける
② 文字コードをUTF-8とする

ファイル名の末に.htmlを付けるのは、このファイルがWebページで扱うHTMLファイルであることを示し、ブラウザで実行できるようにするためです。JavaScriptプログラムはHTMLの規則である**script**タグを指定したことからもわかるように、HTMLファイルの中で動作します。

‖‖
【コラム】文字コードについて
　UTF-8というのは、HTMLで標準的に利用されている文字コードです。文字コードは、文字を表現するための番号の体系です。このような文字コードの体系にはUTF-8のほかに、ANSI（アンシ）やJIS、シフトJISなど、さまざまあります。しかし、現在ではUTF-8が国際的に用いられています。
‖‖

では、メモ帳で作業の手順を見ていきましょう。

まず、ファイルメニューから「名前を付けて保存」を選びます（図2-3）。

メモ帳では、特に指定をしないで、そのまま保存しようとすると、ファ

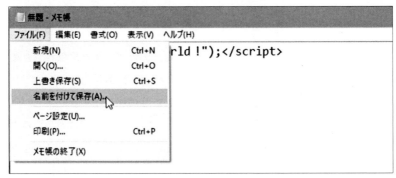

図2-3 ファイルメニューから「名前を付けて保存」を選ぶ

イルの拡張子は.txtになります（図2-4）。

図2-4 メモ帳で作成するファイルの標準拡張子は、.txt

　この拡張子のファイルは、ブラウザがHTML文書として認識してくれ

ません。ブラウザで表示できるようにするには、この拡張子を.htmlに変更する必要があります。

　保存するときは、プログラムのファイルがどのフォルダに保存されることになるか、確認して行ってください。確認しておかないと、どこに保存されたかわからなくなり、あとで困ることになります。

　保存先はデスクトップでもかまいません。デスクトップにいろいろなものを保存すると、表示が賑やかになってしまいますが、ファイルを探しやすいし、いろいろなフォルダを開いたり閉じたりしながら探すよりは見つかりやすいでしょう。

　ファイル名はalert.htmlとします。

　実は、ファイル名は自由に付けてかまいません。aaa.htmlとしてもいいのです。とにかく、ドット以降の右側をhtmlにすればブラウザが実行できるファイルになります。

　次に、文字コードは先ほど説明した、UTF-8を必ず指定します。メモ帳ではそのままではANSIで保存されてしまいます。「文字コード(E)」の部分のANSIをクリックすると、メニューが表示されUTF-8が選べるようになります（図2-5）。

　これで「保存」ボタンをクリックすれば、alert.htmlという最初のプログラムファイルが完成します。

　ところで、なぜメモ帳はそのまま使っていると、.txtでANSIの文字コードなのか疑問に思う人もいるでしょう。まず、.txtである理由は、メモ帳の基本的な役割がメモを書くことだからです。もっともシンプルな文章のファイルはプレーンテキストといい、多くの場合、拡張子に.txtが使われます。また、文字コードが最初、ANSIとなっているのは、20年以上も前からある習慣の名残りです。

32　第2日　プログラミングを始めよう

図2-5　ファイル名をalert.htmlとし、文字コードはUTF-8を指定する

2.4　いよいよプログラムを実行する

　最初のJavaScriptプログラムができました。

　おめでとうございます、といいたいところですが、これ、本当にプログラムとして動くのでしょうか？

　それは、実行してみないとわかりません。「おめでとう」はそのあとです。

　では、実行してみましょう。

　プログラムの実行には、ブラウザのChromeを使います。

　今、プログラムのファイルのアイコンがChromeに対応するようになっていたら、ファイルアイコンにポインタを合わせ、そのままダブルクリッ

第2日　プログラミングを始めよう　｜　33

クすると実行できます（図2-6）。

図2-6　プログラムのアイコンがChrome対応の絵柄なら、そのままダブルクリックで起動

　あるいは、Chromeを実行していて、表示画面が開いた状態だったら、その画面にプログラムのファイルをドラッグ・アンド・ドロップしても実行されます（図2-7）。

図2-7　ブラウザ画面にプログラムファイルをドラッグ・アンド・ドロップしてもよい

　さらに、別の実行方法もあります。プログラムファイルのアイコンを右クリックして、表示されるメニューから「プログラムから開く」を選び、続いて表示されるメニューで「Google Chrome」を選ぶことです（図2-8）。

　今紹介した3通りの、どの方法でも実行できます。
　さて、実行したら、結果はどうなるでしょうか。
　プログラムが正しく実行されれば、小さいウィンドウが現れ、その中にプログラムで指定した「Hello world！」が表示されます（図2-9）。

図2-8 右クリックメニューからブラウザを選ぶ

図2-9 「Hello world！」が小さいウィンドウ内に表示される

「え！それだけ」といわないでください。ここで作ったプログラムは、そういうプログラムです。なにごとも第一歩が大切です。

正しく表示されたら、ウィンドウ内の「OK」ボタンをクリックするか、ウィンドウ右上の×をクリックしてください。表示されたボックスは消えます。

これで、初めてのプログラムは成功です。

2.5 おめでとう！

ここまで到達できたら、「おめでとう！」です。

でも、ここまでのプログラミングで作ったプログラムでは、「ちょっとつまんないな」と思う人もいるかもしれません。プログラムとしては単

純過ぎるということでしょう。でも、これは、まだまだ第一歩です。最初から難しいプログラム作りに挑戦するのは挫折の元です。

本書のプログラミングは、これから発展していきます。

2.6　もし、うまくいかなかったら？

さて、実行してみて、うまくいった人ばかりではないでしょう。残念なことに、なんにも表示されなかった、という人もいるではないでしょうか。

それは、プログラムが正しく作られていなかった可能性が高いです。そんなときは、見直しが必要です。

まずは、プログラムのHTMLファイルをメモ帳（エディタ）で開き直し、書かれているプログラムの内容を見直しましょう。ミススペリングはありませんか？　なかったら、次のチェックです。

ファイルの拡張子は.htmlになっていますか。文字コードはいかがでしょうか。UTF-8になっていますか。

いずれを間違えても、プログラムは動きません。よく確認してください。

スペルもOK、ファイル名も文字コードも正しくて、それでも、うまくいかなかったという人はいますか。そのような場合は、最初からプログラムを作り直してみましょう。ここで取り上げたプログラムは、1行だけのごく単純な作りです。ゼロから作り直しても大した手間はかかりません。

さらに作り直しても、うまくいかなかったら？

その場合は、それほどプログラミングに詳しくない人でもいいですから、ほかの人に頼んで、ここまでの手順をトレースしてもらってください。20分はかからないと思います。プログラムのミスというのは、1人だけで考え、思い詰めていても見つからないことが往々にしてあります。

そのような場合でも、ほかの人が見ると、すぐにわかるということがよくあるものです。

2.7　別のメッセージを表示しよう

最初のプログラムができました。

復習をかねて、作ったプログラムを元にして、もう1つプログラムを作ってみましょう。別のメッセージを表示するプログラムです。

思い出してください。最初のプログラムでブラウザのウィンドウに表示したメッセージは、「Hello world！」という英文でした。

今度は、表示するメッセージを変えてみます。日本語を使ってみるというのは、どうでしょうか。内容はなんでもかまいません。ここでは、「やあ、元気！」と表示させてみましょう。

プログラミングの手順は、もうわかっているはずです。メモ帳を開き、プログラムを書き込み、scriptタグで囲みます。今度は、scriptタグが見やすくなるように改行を入れて全体で3行にします。改行してもプログラムの動作に影響はありません。むしろ、このほうがプログラムの部分とscriptタグが区別できて見やすくなります（図2-10）。

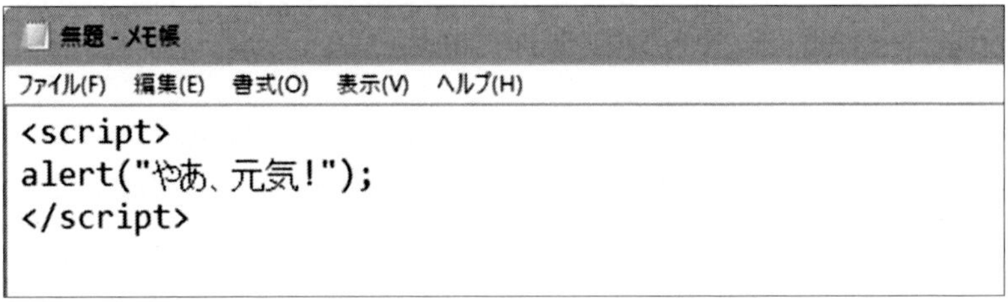

```
🔲 無題 - メモ帳
ファイル(F)　編集(E)　書式(O)　表示(V)　ヘルプ(H)
<script>
alert("やあ、元気!");
</script>
```

図2-10　日本語のメッセージを書き込む

ファイル名は、拡張子が.htmlなら、どのような名前を付けてもかまいません。ここでは仮に、図2-11のようにalert2.htmlとしておきましょう。

できたHTMLファイルをブラウザで開いてみます（図2-12）。

第2日　プログラミングを始めよう　　37

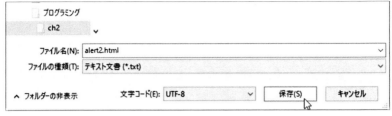

図 2-11　ファイル名を atert2.html で保存（文字コードは UTF-8）

図 2-12　日本語のメッセージが表示される

　日本語のメッセージも、きちんと表示できました。

　ここでも、もし、うまくいかなかったら、メモ帳でプログラムを見直し、ファイル名（特に.htmlの部分）と文字コードを確認してください。確認の方法は、もう大丈夫ですね。

2.8　HTMLファイルについて補足

　さて、「Hello world !」という表示が出てくる、この最初のJavaScriptプログラムですが、ファイルの形式としては「HTMLファイル」です。これは、Webページのファイルの形式と同じです。

　JavaScriptのプログラムは、Webページ用のHTMLファイル内の<script>から</script>で指定して実行できるようになっています。

　ここで疑問が湧くかもしれません。もし、<script>と</script>の指定がなかったらどうなるのか？

答えは前にいいましたが、試してみるとおもしろいですよ。この場合は図2-13のように、ただ、Webページの画面に、「alert("Hello world !");」と表示されるだけです。

図2-13　scriptタグがないと、プログラムの書き込みのまま表示される

　このように、scriptタグがないと、JavaScriptプログラムとしては動作しません。HTMLファイル中の<script>と</script>タグで挟むことで、WebページはJavaScriptプログラムということを認識し、実行してくれるのです。
　さて、このHTMLファイルですが、ファイル分類で考えると、大きくは「テキストファイル」になります。テキストファイルというのは、文字が書かれているファイルのことです。
　なんだか当たり前のことをいっているようですが、ファイルには、音楽が入っているファイルや、動画が入っているファイルなどがあり、これらはテキストファイルではありません。ファイル内容を、テキストファイルを開くソフトで表示しても、文字として読むことはできません。これらは"バイナリファイル"といい、単に、二進法の数字でできたデータとして表示されるだけです。
　ところで、すでにJavaScriptプログラムを少し知っている人だと、HTMLファイルなのにいきなり<script>と書いてよいのか疑問に思うかもしれません。たしかにあまり好ましくはありませんが、HTML5というHTMLの規格を読むと、まったくの間違いともいえません。
　ここではプログラミングについての学習に集中できるように、HTML

については詳しく扱いません。ご了承ください。

2.9 まとめ

最初のプログラミングは、ブラウザのウィンドウに小さく、「Hello world
!」と表示するだけのものでした。しかし、これだけで、いろいろなこと
を学びました。

① ブラウザのウィンドウに文字を表示するときは、alert( ) を使う

② 表示する文字はクォーテーション・マークで囲む

③ JavaScriptプログラムの各行の終わりにはセミコロンを付ける

④ HTMLファイルの中でJavaScriptプログラムを使うときは<script>
と</script>で挟む

⑤ プログラムを保存するときは、ファイル名の拡張子はhtmlにして、
文字コードはUTF-8にする

⑥ JavaScriptプログラムは、ブラウザで実行される

第3日　変数について知ろう

　プログラミングの第1歩は、「Hello World！」というメッセージの表示でした。では、第2歩目はなんでしょう？　いろいろな意見があるとは思いますが、本書では「変数（へんすう）」にします。

3.1　変数はデータの名札

　プログラミングを学ぶうえでは、変数の理解が重要になります。では変数について、実際のプログラミングを通して説明していきましょう。

　まず、最初に作ったプログラムを思い出してください。プログラムの本体は、この1行だけでした。

```
alert("Hello World !");
```

　これだけです。これで「Hello World！」というメッセージが表示できました。

　ここでもし、別のメッセージを表示したいなら、この1行を書き換える必要があります。例えば、「Happy Holidays！」なら、次のようになります。

```
alert("Happy Holidays !");
```

　ここでちょっと、こう思いませんか。

「違うメッセージを表示するためにいちいちプログラムを書き変えるのでは、どこか不便を感じるなぁ」

　この思いを解消するには、とりあえず「ここに書くメッセージ」という指示だけをプログラムに書いておいて、あとから目的に応じて具体的なメッセージを指定するようにするという方法があります。こうすれば、今回の場合、表示の処理はそのままで、メッセージの入れ替えだけで表示を切り替えることができます。メッセージの入れ替えは表示の処理とは別のところで行います。

「そのほうが便利なんじゃないかな？」

　ええ、そうです。便利なはずです。表示の処理は次のようなイメージになります。

```
alert(「ここに書くメッセージ」);
```

　この「ここに書くメッセージ」という指示のところに、いろいろなメッセージに対応できる入れ物を用意します。それが変数です。

「ここに書くメッセージ」という日本語の文章をそのまま変数にするというのも1つの手かもしれませんが、プログラミングとしては不自然です。普通は、なにが入る変数かがわかり、かつ簡潔なプログラミングに向いた英数文字で変数の名前を付けます。変数の名前のことを変数名といいます。

　変数名は、基本的に自由に付けてもいいのですが、ここでは仮に、myMessageとしておきましょう。「私のメッセージ」という意味を込めたものです。このmyMessageという変数を使うと、プログラムは次のようになります。

```
alert(myMessage);
```

42 　第3日　変数について知ろう

変数のmyMessageには、ほかのところでメッセージのデータを指定します。例えば「Hello World !」とか「Happy Holidays !」というメッセージのデータを指定したら、その指定したメッセージが表示されます。ここでは短いプログラムなので実感に乏しいですが、変数の利用はプログラムの汎用性が高まり、有用です。

　この変数にデータを入れるには、JavaScriptではイコール記号（=）を使います。JavaScript以外でも、ほとんどのプログラミング言語で、このイコール記号を使います。

　myMessageに「Hello World !」というメッセージデータを入れるには、次のようになります。

```
myMessage = "Hello World !";
```

　イコール記号を使うときは、記号の左右にアルファベット1文字分の空白を入れるとプログラムが見やすくなるので、通常は空白を入れます。また、この指定もJavaScriptプログラムの文なので、行の最後にはセミコロンを忘れないようにしてください。

　さて、このようにイコール記号を使って、変数にデータを指定することを、「代入（だいにゅう）」といいます。コンピューターの中に変数のための入れ替え自由な箱のような場所が用意され、そこにデータを入れる感じでとらえるとわかりやすいかもしれません。

　では、変数を使ったプログラムを書き、実行してみましょう。実際にプログラムを動かしてみると、そんなに難しくないということがわかると思います。

【コラム】変数名の制限

JavaScriptでは基本的に、変数名を自由に付けてよいのですが、それでもいくつか制限があ

ります。なかでも次の４つが重要です。この制限はほとんどのプログラミング言語に当てはまります。

① 使える文字はアルファベットと数字と、アンダバー (_) とドル記号 ($)
② アルファベットの大文字と小文字は別扱い（name と Name は別の変数）
③ 数字から始まる変数は使えない
④ 予約語は使えない

変数名は日本語にすることもできますが、慣例として、普通は使いません。
また、「変数名の長さには制限はない」という建前なので、長い変数名を付けることも可能です。ですから、次のように「じゅげむじゅげむごこうのすりきれ」なんていう名前にすることもできないわけではありません。

alert(じゅげむじゅげむごこうのすりきれ);

でも、見るからに、変な感じがする名前を付けるのはやめておきましょう。変数名は、誰が見てもわかりやすい英語表記がよいでしょう。

【コラム】変数名の付け方

変数名の付け方には、次の作法のような慣例があります。

① キャメルケースを使う
　・意味の切れ目で大文字を混ぜる。例：myLoversNames
　・キャメル（camel）というのはラクダです。変数名にラクダのこぶがあるように見えるからです。
② スネークケースを使う
　・意味の切れ目にアンダバーを入れる。例：my_lovers_names

どちらを使ってもかまいませんが、キャメルケースが主流といって良いでしょう。

44　　第3日　変数について知ろう

3.2 プログラムに変数を使う

さっそく、変数を使ったプログラムを作って、実行してみましょう。実行してみると、変数の理解が深まります。

例題では、変数の名前を、先ほど例示したmyMessageとします。

この変数に「Hello World !」というメッセージをイコール記号で代入して（1行目）、alert( )で表示させる（2行目）ためには、次のような2行のプログラムになります。

```
myMessage = "Hello World !";
alert(myMessage);
```

この2行のJavaScriptプログラムにscriptタグを付けると、Webブラウザで実行するプログラムは完成です。作ったプログラムは、ここでは、ファイル名をmessage.htmlとして保存します。別のファイル名でもかまいません。

message.html

```
<script>
myMessage = "Hello World !";
alert(myMessage);
</script>
```

このプログラムをブラウザで実行すると、図3-1のように、変数のmyMessageに代入した「Hello World !」というメッセージがウィンドウに表示されます。

変数の内容がきちんと表示できましたか？

この表示を変えたいときは、変数のメッセージデータを入れ替えるだけです。例えば、「Happy Holidays !」と表示したいときは、次のように、

第3日　変数について知ろう　│　45

図3-1 指定したメッセージの表示

2行目のalert(myMessage);はそのままで、1行目だけの変更ですみます。

```
myMessage = " Happy Holidays !";
alert(myMessage);
```

このことは、データの扱いと、プログラムの操作を分ける意味も持ちます。変数を使うことで、プログラム内のデータと操作を切り分けることができるので、それぞれが明確になり、プログラミングのミスを減らすことにもつながります。

3.3 文字列の連結

ここまでで、変数を使った簡単なプログラムができました。また、変数を扱うための代入も理解できたはずです。

でも、代入した変数のデータを表示しているだけだと、ちょっとつまらない感じもします。そこで、プログラムをもう少し変化させてみましょう。少し工夫を加えるために、関連して文字列の連結についても、ここで学びます。

文字列というのは、文字が列になったものです。「Hello」は文字列です。そして、文字列の連結というのは、例えば、「Hello World !」と「Happy Holidays !」というような2つ以上の文字列（文章や単語）をつなげて、「Hello World !Happy Holidays !」とすることです。

JavaScriptでは、文字列の連結はプラス記号(+)でできます。ほとんどのプログラミング言語でも同じです。

「Hello World !」と「Happy Holidays !」を連結して、変数のmyMessageに代入するなら、次のようになります。

```
myMessage = "Hello World !" + "Happy Holidays !";
```

このとき、プラス記号の左右にはアルファベット1文字分の空白を開けると、プログラムが見やすくなります。

いかがですか。文字列の連結はとても単純ですね。とはいえ、これだけで本当にうまくいくのでしょうか。悩むより実行です。プログラムにして実行してみればすぐわかります。プログラム名は、message2.htmlとしましょう。

message2.html

```
<script>
myMessage = "Hello World !" + "Happy Holidays !";
alert(myMessage);
</script>
```

このプログラムをブラウザで実行すると、予想通り！ 図3-2のように、文字列が正しく連結されて表示されました。

図3-2　表示メッセージを入れ替えた

第3日　変数について知ろう

ただし、よく見ると「…（略）… World !Happy …（略）…」と連結部分がくっつき過ぎです。きちんと文章の体裁にするには、ここに1文字分の空白があったほうが見やすそうです。

Happyの文字の前に空白文字を入れて連結してみましょう。空白文字は、" "というふうにクォーテーション・マーク2つで指定します。

文字列の連結は、空白文字を含めて3つになります。プログラムは次のようになります。なお、本書では、Happyの後ろで改行されていますが、プログラムではここに改行はありません。クォーテーション・マークの指定内で改行指定するとエラーになります。それ以外の改行は自由にできます。

message3.html

```
<script>
myMessage = "Hello World !" + " " + "Happy Holidays !";
alert(myMessage);
</script>
```

ブラウザでの表示は、図3-3のようになります。今度は見やすくなりました。

図3-3　メッセージの連結部分に空白文字を入れて、読みやすくした

3.4 データを入力しよう

　最初のプログラムで文字列の表示ができました。さらに本章では、変数と文字列の連結について学びました。だいぶプログラミングの基本もできてきましたが、もう1つ学んでおきましょう。データの入力についてです。

　データの入力というのは、プログラムの中にデータを取り込むことです。ここでは、パソコンを操作している人に、キーボードから文字列を入力してもらうことが、データの入力になります。

　データを入力したら、そのあとはどうするのでしょうか？　なにか処理をして、その結果を表示すると、おもしろいはずです。

　実際に、プログラムを使って、入力された文字列を加工して表示することをやってみましょう。これができると、だいぶ、プログラミングしている実感が出てきます。

　JavaScriptでの文字列の入力には、prompt( )という仕組みを使います。prompt( )を次のように指定すると、操作者がキーボードから入力した文字列が変数myMessageに取り込まれます。

```
myMessage = prompt();
```

　すぐに気がつくと思いますが、このprompt( )の指定は、イコール記号を使った変数の代入と同じです。変数の代入は、こうでした。

```
myMessage = "Hello World !";
```

　イコール記号を使って、左にある変数に代入するという点では、同じ仕組みですね。

第3日　変数について知ろう　49

別のいい方をすれば、myMessage = prompt();ということは、prompt( )の仕組みでキーボードから「Hello World！」のような文字列を変数myMessageに代入するのと同じなのです。

　次に、prompt( )でプログラムの変数に取り込んだ文字列を他の文字列と連結して表示させてみましょう。

　ここでは、変数を使って「myMessageさん、こんにちは！」というようにしておきます。例えば、操作者が「佐藤」という名前を入力したら、「佐藤さん、こんにちは！」と表示されるようにします。

　プログラムは、次のようになります。2行だけです。

```
myMessage = prompt();
alert(myMessage + "さん、こんにちは!");
```

　ここでは、promptのスペリングに注意してください。ちなみに、英語のpromptには「促す」という意味があります。つまり、入力を促すわけです。

　この2行にscriptタグを付けて保存すると、プログラムのファイルが完成します。ここでは、message4.htmlとファイル名を付けました。

message4.html

```
<script>
myMessage = prompt();
alert(myMessage + "さん、こんにちは!");
</script>
```

　ブラウザで実行してみましょう。うまくいくでしょうか。

　図3-4のように、きちんと入力用の空欄が表示されました。さっそく、ここに名前を入力してみましょう。ここでは、「佐藤」としておきます（図3-5）。

50 ｜ 第3日　変数について知ろう

図3-4　prompt( )の仕組みで入力が求められる

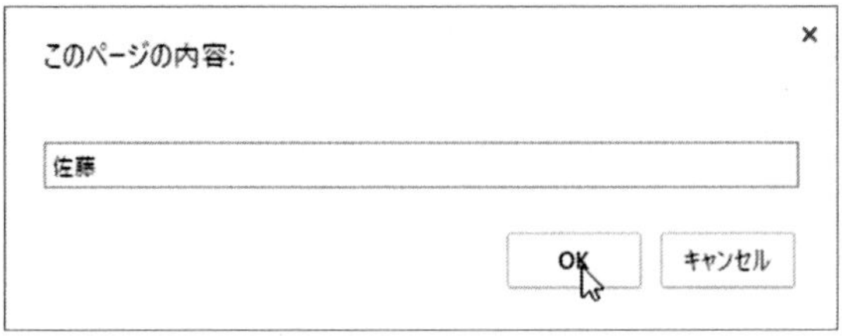

図3-5　「佐藤」と入力する

入力したら「OK」ボタンをクリックします。予想した通り「佐藤さん、こんにちは！」と表示されました（図3-6）。

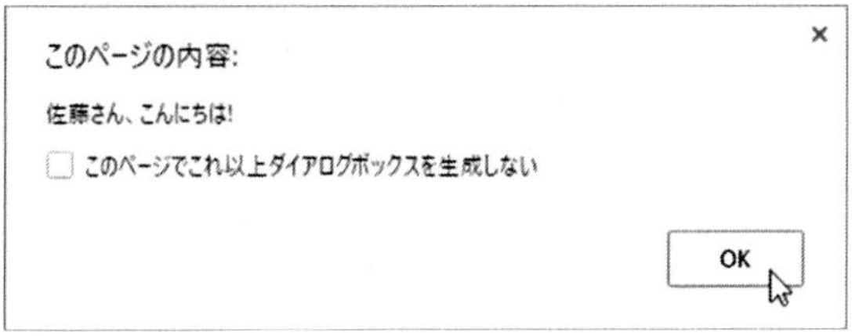

図3-6　入力した文字を加工して表示した

まるでコンピューターとあいさつを交わしたような気分になりませんか。2行だけの小さなプログラムですが、それでも、コンピューターはプログラムで指定した通りに反応してくれたわけです。

こうしたプログラムをどんどん高度にしていけば、いずれコンピューターが操作者の入力に応答し、囲碁や将棋などの相手ができるようにもなります。

3.5　入力を促すメッセージを表示

　単純といえば単純ですが、人間に応答するプログラムができると、う
れしいものです。でも、なにかもの足りない感じがします。

　プログラムを実行して文字を入力するための空欄が表示されたとき、
ただ空欄が表示されるというだけでは、入力を促す力が少し足らない感
じがします。ここは、改良しておきたいものです。せめて、「お名前をど
うぞ。」とか、入力を促すメッセージがあったほうが良いはずです。

　入力を促すメッセージは、prompt( )の括弧の中にクォーテーショ
ン・マークで指定できます。次のような感じです。

```
myMessage = prompt("お名前をどうぞ。");
```

　これをプログラムとしてまとめてみましょう。いつも通りの手順です。
プログラムファイルは、次のようになります（message5.html）。

message5.html

```
<script>
myMessage = prompt("お名前をどうぞ。");
alert(myMessage + "さん、こんにちは!");
</script>
```

　ブラウザで実行してみます。指定した通り「お名前をどうぞ。」と表示
されます（図3-7）。これなら、操作者にも入力を促していることがすぐ
伝わり、さっきのプログラムより親切になっています。

　メッセージにしたがって名前を入力すると、以前のプログラムと同様
に、入力した名前を含んだあいさつが表示されます（図3-8）。

　うまくいきましたか。

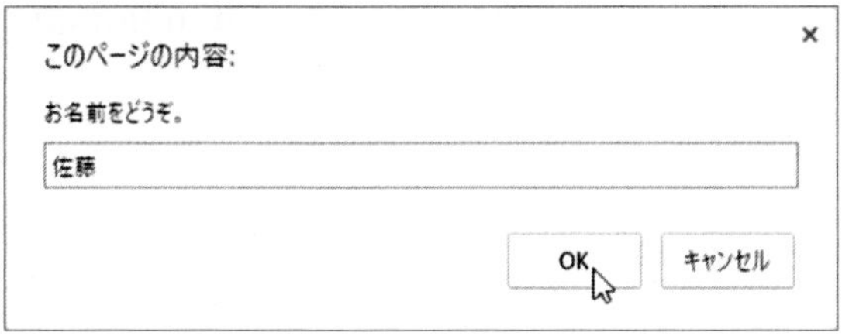

図3-7　今度は「お名前をどうぞ。」と入力を促される

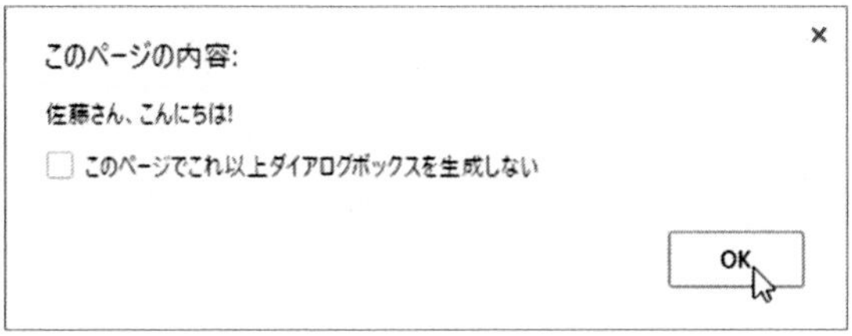

図3-8　入力した名前に応答してメッセージが表示される

3.6　まとめ

この章では、変数について簡単な実例から学びました。

変数というのは、データに付けた名札のことです。

名札を付ける操作を「代入」といいます。代入はイコールの記号（=）で指定できます。

また、変数については、データを入れるための入れ物や箱だと考えると、変数にデータを入れる「代入」が理解しやすくなることも紹介しました。

プログラムの実例からは、文字列の連結とprompt(　)を使った入力の仕組みも学びました。

操作者が名前を入力すると、プログラムがその名前で簡単なあいさつで応えてくれました。ごく単純で、初歩的ではありますが、プログラムによって、コンピューターと人間の対話ができたともいえます。

第3日　変数について知ろう　　53

‖‖
【コラム】prompt( )ってなに？

　本章では、操作者にキーボードを通して入力してもらうための仕組みとして、prompt( )を使いました。その前の章では、alert( )という表示するための仕組みを使いました。しかし、「仕組み」というのはあいまいな表現です。本当はなんなのでしょう？

　正確にいうと、prompt( )もalert( )もwindowオブジェクトを操作するための「メソッド」です。では、windowオブジェクトとは、なんでしょう？　それは、プログラムの視点から見ると、ブラウザのことです。そして「メソッド」とは、操作の方法のことです。でも、そう説明されても、現時点ではピンと来ないかもしれません。

　ピンと来ないのは、プログラミング言語が難しくなってきたせいもあります。現代のプログラミング言語の多くは、そもそも学習向けではありません。1970年代後半、パソコンがこの世界に現れた頃にもっとも知られていたプログラミング言語は、BASIC（ベーシック）でした。BASICは、プログラミングを学習するための言語なので、入力や出力もわかりやすく、Input（入力）やPrint（出力）という直接的な表現の命令が使われていました。

　現代のプログラミングでは、入出力がプログラミング言語に含まれていることはあまりありません。入出力を担ったオブジェクトの機能を使うことはあります。こうした機能がメソッドとして用意されているのです。ブラウザでいえば、簡素な入力用のprompt( )と出力用のalert( )があります。

　しばらくは、この簡素な入出力でプログラミングを学んでいきましょう。
‖‖

第4日　計算をしてみよう

「プログラムとはなにか？」という問いかけの答えは、「あらかじめ用意した一連の動作の指示」ということでした。そして、指示を受けるのはコンピューター（computer）ですが、そのコンピューターという名称の元になる言葉は、compute（計算する）です。つまり、コンピューターで行う処理の基本は「計算」です。本章では、プログラミングによる計算の基本を学びます。

4.1　プログラムに計算をさせてみよう

　これからプログラムを使って計算をしてみます。ごく簡単な計算です。算数や数学が苦手な人も気にせずやっていきましょう。

　ところで、計算は電卓でもできます。わざわざプログラムでする必要があるのでしょうか？

　場合によってはあるでしょう。少し込み入った計算式を必要とする計算では、電卓での操作が煩雑になります。そこで力を発揮するのが、コンピューター。複雑な計算式でもプログラムを組んで指示すれば、すぐに答えを導くことができます。プログラムも比較的簡単に書くことができます。

　ここでは、身長と体重のデータを入力することで、

① その人が肥満か
② 標準か
③ やせ形か

第4日　計算をしてみよう　55

を判定するボディマス指数BMI（Body Mass Index）を求めるプログラムをプログラミングして計算させてみましょう。

BMIは、体重と身長のデータから計算される体格の指数として世界保健機関（WHO）でも認められています。ボディマス指数の評価は各国で異なるのですが、日本では、25以上なら肥満、18.5未満ならやせ形といわれます。標準指数は22です。

ボディマス指数の計算式は、kg単位の体重をm単位の身長の2乗で割って求めます。体重（kg）をw、身長（m）をhとすると、ボディマス指数を求める計算式は、次の式で定義されます。

BMI=w/h^2

本章での最初の目標は、BMIの計算式をJavaScriptのプログラムで表現することです。同じ計算式でも、数学とプログラムでは、表現が違う点にも注意してください。

数学では掛け算に×、割り算に÷の記号を使います。しかし、JavaScriptを含め、ほとんどのプログラミング言語では、かけ算には＊（アスタリスク）、割り算には／（スラッシュ）の記号を使います（表4-1）。

表4-1　数学とプログラミング言語とで異なる計算記号（演算子）

数学	プログラミング言語
3 × 4	3 ＊ 4
12 ÷ 3	12 / 3

数学とプログラミング言語とで記号が異なるのは、なんだか不合理な気がするかもしれません。実際、不合理なので、APLというプログラミング言語では数学と同じ記号を使っています。

しかし、ほとんどのプログラミング言語では、キーボードから入力しやすい記号で計算式を表現するために、掛け算や割り算の記号を変更し

ています。JavaScriptも同じです。

さて、プログラミング言語の記号を使って、ボディマス指数の式を表現すると、次のようになります。

```
BMI = w / (h * h)
```

wとhは、ここではアルファベットの小文字1文字である点に注意してください。通常、1文字の変数はあまり使わないのですが、元の数式に似せるために、ここではそうしました。

BMIの計算式にあったhの2乗は、hを2回かけることなので、h * hとしてカッコでまとめました。このほうが、指定が簡単です。

4.2　計算プログラムを組み立てよう

身長と体重を入力させて、ボディマス指数を表示するプログラムを作成してみましょう。

ボディマス指数BMIは、JavaScriptで、次のように表現できました。

```
BMI = w / (h * h);
```

このwとhは変数で、値は決まっていません。ブラウザを操作している人に入力してもらう必要があります。

そこで、このプログラムでは、ブラウザからwとhの値を入力してもらい、プログラムでBMIを計算して、その計算結果を出力として表示させるようにします。

すでに学んだように、入力にはprompt( )を使い、出力にはalert( )を使います。

体重wの入力ですが、入力の指定は次のようになります。

第4日　計算をしてみよう　57

```
w = prompt("体重を入力してください(kg)");
```

　身長hの入力については、少しめんどうです。計算で用いる単位はm
（メートル）なので、入力がcm（センチメートル）の場合は、入力され
た値を100分の1にする必要があります。
　こうした配慮が必要になるのは、日本人が身長を表現するときには、
「170センチメートル」というようにセンチメートルの単位がよく使われ
ることによります。身長を「1.7メートル」というようにメートル単位で
表現する人はほとんどいません。こうした習慣をプログラムでも考慮す
る必要があります。
　身長の入力では、操作者にセンチメートルの単位を求めると良いでしょ
う。プログラムの内部では、センチメートル単位からメートル単位に変
換するために、入力された数値を100で割ります。センチメートル単位
の170を100で割れば、メートル単位の1.7となり、BMIの計算で使える
ようになります。このため、100で割った値をhに代入するように、次の
ように代入前に100で割る計算を/100として追加しておきます。

```
h = prompt("身長を入力してください(cm)") / 100;
```

　これでwとhが、プログラムに入力できます。
　さて、結果のBMIの値を表示するには、alert(　)を使います。あわ
せて、「あなたのボディマス指数は……です」というメッセージも表示す
るようにしておきましょう。前章で覚えた文字列の連結方法を、ここで
使います。

```
alert("あなたのボディマス指数は" + BMI + "で
```

58　｜　第4日　計算をしてみよう

```
す。");
```

ここまでのすべてをJavaScriptプログラムにまとめてみましょう。4
行になります。

```
w = prompt("体重を入力してください(kg)");
h = prompt("身長を入力してください(cm)") / 100;
BMI = w / (h * h);
alert("あなたのボディマス指数は" + BMI + "です。");
```

あとは、これをscriptタグで挟めば、ボディマス指数を表示するプ
ログラムは完成です。そして、このプログラムの文字コードをUTF-8に
してファイル名に拡張子の.htmlを付けたHTML形式のファイルで保存
すれば、プログラムファイルもでき上がります。

bmi.html

```
<script>
w = prompt("体重を入力してください(kg)");
h = prompt("身長を入力してください(cm)") / 100;
BMI = w / (h * h);
alert("あなたのボディマス指数は" + BMI + "です。");
</script>
```

プログラムのファイルができたので実行してみましょう。

実行するとまず、「体重を入力してください(kg)」と表示され、体重の入
力が求められます。ここで、入力欄に体重を入力します。ここでは62kg
なので、62としておきましょう（図4-1）。

次に、「身長を入力してください(cm)」と身長の入力が求められます。
ここでは、170と入力しておきます（図4-2）。

第4日 計算をしてみよう | 59

図4-1 体重 (kg) の数値を入力する

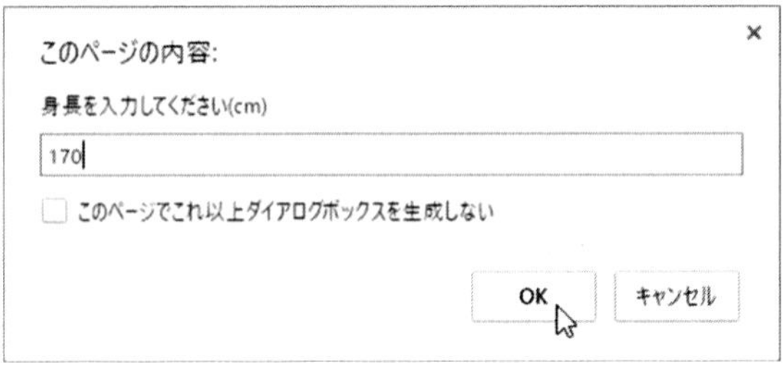

図4-2 身長 (cm) の数値を入力する

体重と身長の2つのデータを順に入力したら、それぞれ「OK」ボタンをクリックします。これでプログラムは、入力された体重と身長のデータからボディマス指数を計算し、すぐに表示するはずです。

予想通り、図4-3のように、ボディマス指数の数値が表示されました。

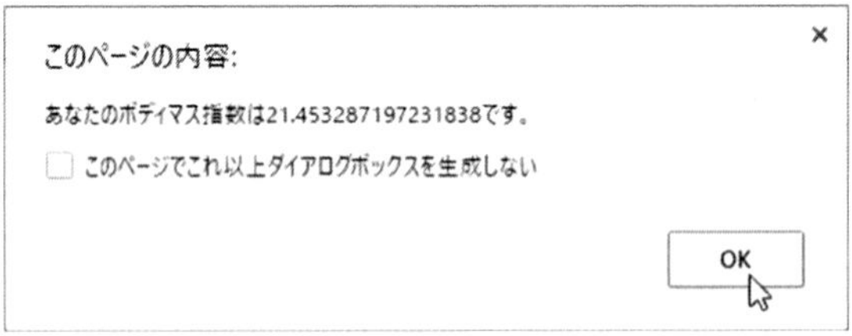

図4-3 ボディマス指数が表示される

このプログラムは予想通りに動いたわけですが、結果の表示を見ると少し変な感じがします。

表示されたボディマス指数の小数点以下の数字が必要以上に長すぎま

せんか。21.453287197231838だったら、小数点以下が1桁の21.5ぐらいの表示でいい気がします。ここは、改良したいところです。

しかし、その前に、プログラムがうまく動かなかった場合の対応について、以前より少し、詳しく学んでおきましょう。

プログラムの行数が増えるにつれ、エラーが発生する確率が高まってくるからです。プログラムの間違いを修正する作業を「デバッグ」といいます。プログラムの改良は、デバッグを学んでから取り組むことにします。

4.3　デバッグ（プログラム修正）をしよう

プログラムを作成しても、思い通りに動かないことがしばしばあります。

プログラムはほんの1文字のタイプミスでも思い通りには動いてくれません。このようなプログラムの誤りのことを「バグ」といいます。また、それを取り除いて正しいプログラムに修正することを「デバッグ」といいます。

例えば、次のプログラムは、バグがあるので実行しても動きません。どこに間違いがあるか、わかりますか。

bmi2.html

```
<script>
w = prompt("体重を入力してください(kg)");
h = prompt("身長を入力してください(cm)") / 100;
BMI = W / (h * h);
alert("あなたのボディマス指数は" + BMI + "です。");
</script>
```

第4日　計算をしてみよう　│　61

プログラムの間違いはなかなかわからないことも多くあります。このプログラムの例だと、体重と身長の入力のあと、なんの反応もしなくなります。

こういう場合、どうやって間違いを見つけたらよいのでしょう。

こうしたときのために、Chromeには「デベロッパー ツール」というデバッグ用の仕組みが用意されています。他のブラウザにも通常、同じような機能が装備されています。また各種のプログラミング言語用の統合開発環境でもデバッグ支援の仕組みはあります。

具体的に、Chromeの「デベロッパー ツール」を例にして、このプログラムをデバッグしていきましょう。

Chromeでは、メニュー（[Google Chromeの設定]）の「その他のツール」から「デベロッパー ツール」が見つかります（図4-4）。

図4-4　デベロッパー ツールを選ぶ

「デベロッパー ツール」を選んだら、図4-5のように［console］というタブを選びます。

すると、このconsoleに、次の表示が見つかります。

62　　第4日　計算をしてみよう

図4-5 consoleタブを選ぶ

```
Uncaught ReferenceError: W is not defined(...)
```

英語なのでわかりにくいのですが、日本語にすると、次の意味があります。

```
獲得されない参照エラー：Wは定義されていない
```

要するに、変数のWに問題があるということです。

さっそく、Wに注目してプログラムを見直してみます。よく見てください。ダブリューに小文字と大文字が混じっていることに気がつきましたか。1行目は小文字のw、3行目は大文字のWです。

```
w = prompt("体重を入力してください(kg)");
h = prompt("身長を入力してください(cm)") / 100;
BMI = W / (h * h);
```

JavaScriptでは、プログラムの変数名に用いるアルファベットは大文字と小文字を別の文字として扱います。上のプログラムでは、小文字のwに数字が代入されていても、大文字のWには値が入っていません。それが、「デベロッパー ツール」で「定義されていない」となったわけです。Wに値が入っていないのでBMIの計算ができず、結果も表示されな

第4日 計算をしてみよう | 63

かったわけです。

この間違い（バグ）を修正するには、3行目の大文字のWを小文字のw
に書き直せば良いわけです。これでデバッグの作業は終了です。

「デベロッパー ツール」は右上のクローズボックス（×）をクリックす
ると終了します。使い終えたら、クリックして閉じてください。
「デベロッパー ツール」の詳しい使い方は、メッセージが英語であるこ
となどが日本人には難点ですが、それでも、プログラムのどこに問題点
（バグ）があるのかを探すには役立ちます。「あれ？　プログラムを実行
したけど思い通りに動かない」というときは、「デベロッパー ツール」を
開いて調べてみると良いでしょう。

4.4　動作がなんか変だ

4.2項で作成したボディマス指数を求める計算プログラムは、とりあえ
ずですが、予定通りに実行できて満足のいく結果だったとします。それ
でも、まだ、問題は潜んでいるものです。

もう一度プログラムを見つめてみましょう。さらなる問題に気づきま
したか。

bmi.html

```
<script>
w = prompt("体重を入力してください(kg)");
h = prompt("身長を入力してください(cm)") / 100;
BMI = w / (h * h);
alert("あなたのボディマス指数は" + BMI + "です。");
</script>
```

このプログラムは、予定通りの入力があればきちんと動作します。し

64　　第4日　計算をしてみよう

かし、予想外の入力や入力キャンセルがあると、奇妙なことになるのです。例えば、奇妙な事態は、hにゼロ（0）を入力した場合に発生します。

hにゼロが入ると、BMIを求める計算式がゼロで割る割り算になり、これは数学上のエラーです。数学では、「数値をゼロで割ることはできない」という決まりがあるのはご存知でしょう。

無理やりゼロで割ると、突然、無限大が現れます。

例えば、6を3で割ると2です。6を2で割ると3。1で割ると6。0.5で割ると12。0.2で割ると30。こうして割る数をどんどん小さくして限りなくゼロに近づけていくと、答えは無限大になります。そして、割る数が0になると無限そのものにはなれず、計算が不可能になります。

このプログラムでは、hの値に入力がないと0と同じ扱いになるので、数字を入力せずに、「OK」ボタンをクリックしても、エラーになります。

図4-6のように、身長のデータを入力せず「OK」ボタンをクリックしてみましょう。

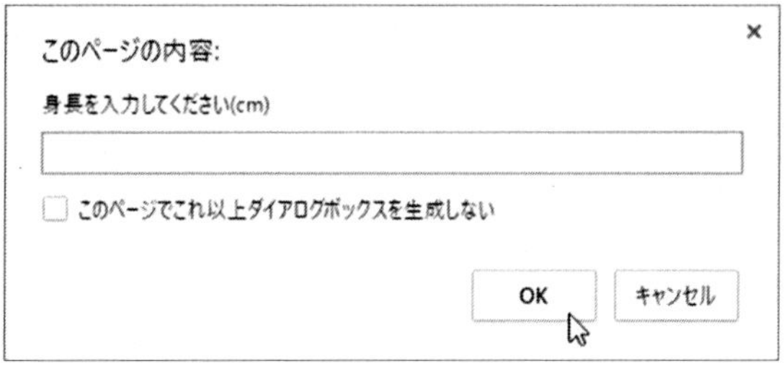

図4-6　仮に入力なしで「OK」ボタンを押してみる

結果は、図4-7のような表示になりました。

計算結果が表示されるはずのところには、プログラムにはない「Infinity」（無限大）という文字が入っています。これは、JavaScriptが自動的に入れた、「ゼロで割り算をしたよ」というお知らせです。

また、予期せぬデータが、バグを明らかにすることがあります。

このバグには、どのように対処したら良いのでしょうか。答えは、入

図4-7　Infinity（無限大）が表示される

力データについて計算前にチェックするということです。

こうした隠されたバグへの対応は難しいものです。ここでは、そういう問題があるのだということで、プログラミングの重要な知識として覚えておいてください。今回の問題については、例えば、入力後に第5日目で学ぶ「条件判断」でゼロでないかを調べるようにすると良いでしょう。

【コラム】入力データのチェック例

まだ、条件判断について学んでいませんが、「ゼロで割る」という問題を起こさないように対応するには、割る数がゼロにならないように、条件を設定して除外するようにします。例えば、次のように改良します。

```
w = prompt("体重を入力してください(kg)");
h = prompt("身長を入力してください(cm)") / 100;
if (h !== 0) {
BMI = w / (h * h);
alert("あなたのボディマス指数は" + BMI + "です。");
} else {
alert("身長のデータがなかったので計算できません。")
}
```

これは、第5日目で学ぶif〜else構文で、割る数にゼロが入らないようにしているのです。

4.5 小数点表示の整理

さて、小数点表示の桁数を制御する改良の話に戻りましょう。

先ほどのプログラムでは、ボディマス指数が、21.453287197231838という桁数の多い、長い小数点表示になりました。ここでは、そこまで詳しい表示は必要ありません。この表示を避けるには、変数BMIに小数点調整の仕組みを追加しておくと良いのです。これには、toFixed( )という指定を使います。

小数第一位（小数1桁）までの表示なら、変数BMIにピリオドを介してtoFixed( )をつなげ、BMI.toFixed(1)とします。( )内の1が小数の1桁までの表示を指定しています（小数第二位の数を四捨五入）。この指定は、数字の小数点以下の表示を望み通りにするための、JavaScriptに用意された数値表現の仕組みの1つです。

toFixed(1)を使ったプログラムは、次のようになります。

bmi3.html

```
<script>
w = prompt("体重を入力してください(kg)");
h = prompt("身長を入力してください(cm)") / 100;
BMI = w / (h * h);
alert("あなたのボディマス指数は" + BMI.toFixed(1)
+ "です。");
</script>
```

結果は、図4-8のようになります。

これなら、結果の数値がすっきりして、だいぶ見やすくなりました。

プログラムがうまくできると、少し楽しい気持ちになりませんか。ボディマス指数の計算は、電卓でもできますが、操作が複雑になります。

図4-8　小数第二位で四捨五入した結果

また、電卓では、小数点以下の表示を限定することは通常できません。これに対して、JavaScriptプログラムなら、一度完成すれば、何度も同じ計算を楽に行うことができます。

【コラム】toFixed( )ってなに？

　toFixed( )は、数値または数値が代入された変数とドット（.）を介してつないで使います。このようにドットでつながることを、「ドット記法」または「ドット・シンタックス」といいます。つなげる右側がオブジェクトで、左側がメソッドやプロパティです。プロパティは名前があらかじめ決められている変数です。

　この記法をすると、「数値または数値が代入された変数はオブジェクトなのだ」ということになります。少し奇妙な感じがすると思いますが、数値それ自体が、オブジェクトとして操作の仕組みを持っているのだということです。これが現代のプログラミング言語の多くに見られるオブジェクト指向という考え方の1つです。

4.6　まとめ

　本章では、大きく分けて2つのことを学びました。

　1つは、プログラムを使った基本的な計算です。計算は電卓を使ってもできますが、同じ計算を繰り返すなら、一度プログラムを作っておけば、計算は繰り返しできるようになりますし、表示も見やすい形にできます。こうした点で、プログラミングによって作ったプログラムで行う計算は、電卓を使った計算より優れています。また、計算に合わせて、

プログラミングで使う掛け算や割り算の記号（演算子）が算数や数学で
の記号とは違うことも学びました。

　もう1つ学んだことは、プログラムのエラーを修正するデバッグにつ
いてです。プログラムは行数が増えるにつれ、エラーも起こりやすくな
ります。このため、エラーを見分けるために、ブラウザには、実行後に
エラーを指摘する機能が用意されています。Google Chromeでは、「デベ
ロッパー ツール」です。本章では、この「デベロッパー ツール」の使い
方の基本を学びました。こうしたデバッグ補助の機能は、本格的なプロ
グラミングで使う統合開発環境にはかならず用意されています。

　プログラムには、一見、問題なく実行できても、隠れたバグという難
しいバグがあることも、あわせて本章で学びました。

第4日　計算をしてみよう　｜　69

第5日　条件を判断する

　プログラムでは、文字の表示や計算といった処理のほかに、「条件を判断する」ということをよく行います。こうしたことは日常でもよくあります。例えば、「もし雨が降ったら」という条件で、「運動会は中止する」などです。また、「雨が降らなければ」という条件で「運動会は実施する」ということもあります。条件によって行動が変わるわけです。本章では、条件判断に関係するプログラミングの基本について学びます。

5.1　プログラムに判断をさせる

　前の章で、ブラウザの操作者が入力した身長と体重のデータから、ボディマス指数を求める計算のプログラムを作成しました。このプログラムでは、ボディマス指数を小数点第一位まで求めてブラウザの小ウィンドウに表示しました。

　しかし、本来、知りたいのは、「太り過ぎ」とか「やせ過ぎ」などのコメントではないでしょうか。そこで、これから作るプログラムでは、ボディマス指数の値を条件にして、太り過ぎかどうかなどの判断をプログラムにさせてみます。

　太り過ぎの判定は、ボディマス指数が25を超えたときとします。

　本章の学習の前提として、まず、前の章で作成した、ボディマス指数を表示するプログラムを確認しておきましょう（bmi3.html）。

bmi3.html

```
<script>
```

```
w = prompt("体重を入力してください(kg)");
h = prompt("身長を入力してください(cm)") / 100;
BMI = w / (h * h);
alert("あなたのボディマス指数は" + BMI.toFixed(1)
+ "です。");
</script>
```

　このプログラムを元に、計算で求められた指数を条件として判断をさせていきます。考え方としては、ボディマス指数であるBMIの値を求めたあとで、その値が25以上かどうかを判断し、そうであれば、「あなたは肥満と判定されました」というメッセージを表示するようにします。

5.2　条件判断の動作を指定する

　JavaScriptのプログラミングで条件判断を行うときには、if文を使います。このifは、英単語のそもそもの意味である「もし…ならば」と同じ意味です。JavaScriptだけでなく、多くのプログラミング言語でifは同じように使われています。ですから、ifによる条件判断の仕組みの基本をここで覚えれば、他の言語でプログラミングするときにも役立ちます。

　if文では、条件の判定をして、正しい場合には「真（しん）」で指定した動作を実行します。なお、真の反対は「偽（ぎ）」です。条件が成り立たないということです。if文で判定が偽になると、条件不成立なので指定した動作はせず、処理は次に移ります。

　JavaScriptのif文の条件判断の規則は、次のようになります。なお、通常、文末指定に必要になるセミコロン（;）ですが、if文の中カッコのあとでは不要です。中カッコの終わりが文末になるからです。ただし、セミコロンを付けても誤動作はしません。この特徴は、if文で中カッコを使い、セミコロンを必要とする他のプログラミング言語にも当てはま

第5日　条件を判断する　　71

ります。

```
if（条件）{
条件が真であれば実行する文；
 ……（次の文）；
}
```

　 if文の指定方法を見ましょう。

　ifに続けたカッコの中に、真か偽かを判定する条件を書き、それに続けて、中カッコの中に、条件が真であれば実行する文を書きます。また、中カッコの中には、文を複数書くことができます。

　逆に、条件が真でなければ（偽であれば）、中カッコの中の処理は実施されません。なんの処理もしないで、次の処理に移ります。

　このあと実際に、BMIが25以上かどうかの条件判断をif文で書いてみます。ここではまず、どのように書くかについて、大切なことを説明しておきましょう。

　JavaScriptでは、「以上」という表現は、>=という記号で示されます。数学の記号と似ていますね。同様に「未満」なら<の記号になります。ただし、「等しい」というときは、==というように、イコールの記号を2つ並べます。理由は、JavaScriptでは、イコールが1つの場合は、代入となるからです。

　そのほかに、表5-1のような条件指定のための記号があります。これらを「比較演算子」といいます。

　比較演算子はプログラミング言語によって微妙に違うことがあるので注意してください。

　条件判断で指定する動作の処理の部分は、プログラムを見やすくするために4文字ほどをインデント（字下げ）して書くのが通例です。イン

72　　第5日　条件を判断する

表5-1　比較演算子一覧

条件	JavaScriptの記号
より大きい	>
以上	>=
未満	<
等しい	==
等しくない	!=、!==

デントは、たいていのプログラミング言語では自由に設定できます（ただし、Pythonのように、インデントが中カッコと同じ役割をするプログラミング言語もある）。

　さて、ここまでのif文のプログラムは、次のようになります。

```
if (BMI >= 25) {
    alert("あなたは肥満と判定されました");
}
```

　全体のプログラムにまとめてみましょう。まず、これまで学んできたBMIの計算プログラムは次の通りでした。

```
w = prompt("体重を入力してください(kg)");
h = prompt("身長を入力してください(cm)") / 100;
BMI = w / (h * h);
```

　このあとに、先ほど示したif文による条件判断と条件が真のときの処理が続きます。

```
w = prompt("体重を入力してください(kg)");
h = prompt("身長を入力してください(cm)") / 100;
BMI = w / (h * h);
```

第5日　条件を判断する　73

```
if (BMI >= 25) {
    alert("あなたは肥満と判定されました")
}
```

以上で、条件判断の処理を加えたプログラムができました。

最後にscriptタグを加えて保存すれば、プログラムファイルができ上がります（if1.html）。

if1.html

```
<script>
w = prompt("体重を入力してください(kg)");
h = prompt("身長を入力してください(cm)") / 100;
BMI = w / (h * h);
if (BMI >= 25) {
    alert("あなたは肥満と判定されました");
}
</script>
```

実行してみましょう。

プログラムは正常に動くでしょうか。明らかに肥満と思われる、体重80kg、身長170cmを指定してみます。

図5-1のように、まず、体重を80kgとして「80」と入力します。

図5-1　80を入力する

続いて、身長は170cm。「170」と入力します（図5-2）。

図5-2　170を入力する

　結果は図5-3のように、「あなたは肥満と判定されました」と表示されました。

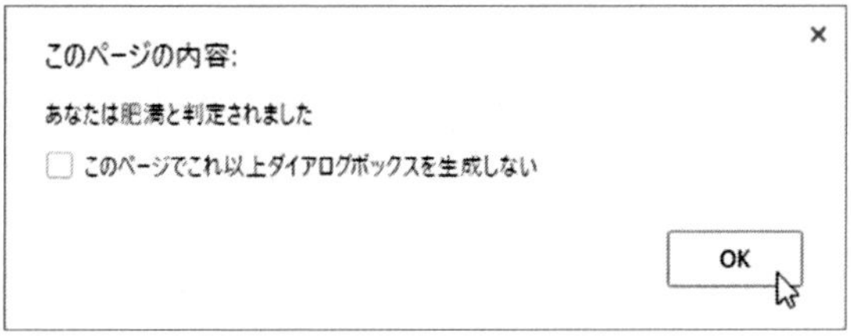

図5-3　「あなたは肥満と判定されました」と結果表示

　いかがですか。予想通りの表示になりました。どうやら条件判断の処理がきちんとできたようです。これでとりあえず、条件判断のプログラムができたように見えます。しかし、プログラムの動作確認はこれだけでいいのでしょうか？

　仮に、普通の体型である体重60kgで身長170cmというデータを入力すると、どうなるでしょう？　実行してみるとわかりますが、データを入力したあとになにも表示されません。

　それもそのはず、このプログラムは、肥満であるという条件判断以外では、なにも動作しないようにできているからです。

　プログラムは正しく実行されたのですが、データを入力したのになに

も表示されないということが起こります。これでは、プログラムの処理としては、中途半端です。もう少し条件判断を含めた改良が必要です。

5.3　条件が偽のときの動作も指定する

　条件に合わないとき、つまり偽のときになにも動作しないプログラムというのは困ったものです。プログラムが正常に機能しているのかもわかりません。そこで改善点は、条件判断の結果が偽のときの処理をプログラムに入れることです。

　偽のときの処理を指定するには、if文に続くelse文を使います。else文はかならず、if文といっしょに使います。else文もほとんどのプログラミング言語に用意されています。

　JavaScriptの場合は、次のように、if文の条件が真のときに実行する文は直後の中カッコの中に、条件が偽のときに実行する文はelse文のあとの中カッコの中に指定します。

```
if (条件) {
    条件が真であれば実行する文;
} else {
    条件が偽であれば実行する文;
}
```

　else文は、あくまでif文で指定した条件が偽の場合にだけ実行されます。if文で指定した条件が真の場合は、else文で指定した文は実行されません。この場合は、あたかもelse文で指定した中カッコの中がなかったように、それ以降の処理に移ります。

　今回の肥満判定の場合では、else文は、次のようにすると良いでしょう。偽のときは肥満ではないので、「あなたは肥満ではありません」と表示するようにします。

```
else {
    alert("あなたは肥満ではありません");
}
```

　さて、BMIが25以上ではない場合の表示を含めたプログラムの全体は、次のようになります（if2.html）。すでに、scriptタグを付けた状態です。これなら、どのデータを入れてもプログラムが黙ったままになるということはありません。

if2.html

```
<script>
w = prompt("体重を入力してください(kg)");
h = prompt("身長を入力してください(cm)") / 100;
BMI = w / (h * h);
if (BMI >= 25) {
    alert("あなたは肥満と判定されました");
} else {
    alert("あなたは肥満ではありません");
}
</script>
```

　条件判断の真偽の判定について、表5-2にまとめました。

表5-2　条件判断の真偽の判定

(BMI >= 25) が真	alert("あなたは肥満と判定されました")
(BMI >= 25) が偽	alert("あなたは肥満ではありません")

　では、できたプログラムを実行してみましょう。最初は、先ほどと同じく、肥満が想定される体重80kg、身長170cmの場合で見ます。
　入力は、図5-4、5-5の通りに進めます。

第5日　条件を判断する　｜　77

図5-4 「80」を入力する

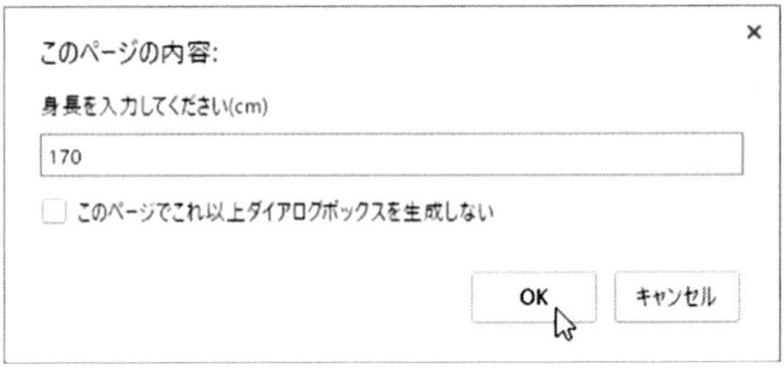

図5-5 「170」を入力する

結果は、図5-6のように表示されました。

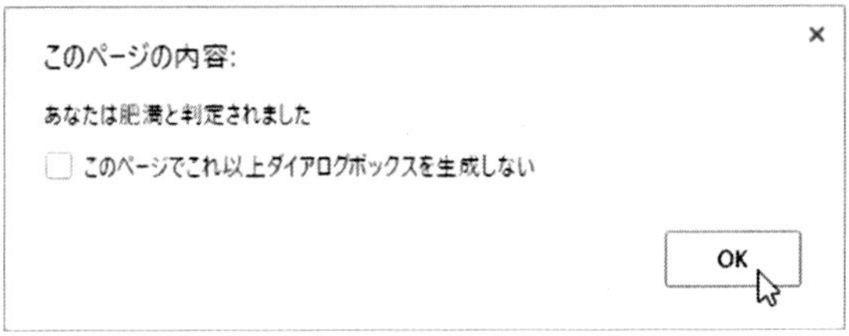

図5-6 肥満の判定が表示される

　ここまでは先ほどと同じで、肥満であることの判定結果です。
　次は、else文で指定した処理として、肥満ではない場合の表示が出るかどうか確かめるために、体重62kg、身長170cmを入力してみましょう（図5-7、5-8）。
　結果は、図5-9のように、「あなたは肥満ではありません」と表示されました。

図5-7 「62」を入力する

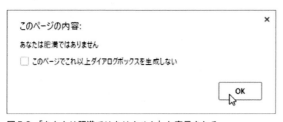

図5-8 「170」を入力する

図5-9 「あなたは肥満ではありません」と表示される

　以上で、else文で指定した処理が正しく実行されたことがわかります。これで、体重と身長を入力すると肥満かどうかを判断して表示するプログラムができました。

　ところで、判定に使われているBMIの値はどうなっているのでしょうか？　このプログラムの表示からはわかりません。プログラムで使われている変数の値は、デバッグに使うデベロッパー ツールでわかります。ここで、変数の状態を覗いてみませんか？

というのも、これからだんだんと難しいプログラムを作成していくにつれて、変数が想定した値と異なっていて、しばしばバグの原因になることもあります。プログラムの実行自体からは見えにくい変数の状態を知ることは、プログラミングの重要な技術です。ですから、たいていの開発環境では見えるようにする機能が備わっています。

　Chromeのデベロッパー ツールもこうしたデバッグ用の開発環境として変数を表示する機能を持っています。少し使い方を見ておきましょう。

　デベロッパー ツールを開き、consoleタブを選びます。そこで、変数名としてBMIと入力すると、図5-10のように、その時点での変数BMIに指定されている値が表示されます。

図5-10　デベロッパー ツールで変数を見る

　プログラム内の変数が持っている値が出てきましたね。条件判断に使ったこの値を見ることで、プログラムの条件が本当に正しかったかを確認できます。ここで想定外の数値が出てきたら、プログラムのどこかにバグがあったことになります。

5.4　やせ過ぎの判定はどうしよう？

　ここまでのプログラムでは、肥満か、肥満ではないかの、2通りだけの判定でした。真と偽だけの2つの世界です。

　しかし、ボディマス指数は肥満以外に、やせ過ぎの判定にも使います。正確には「やせ過ぎ」ではなく、「低体重」といいます。低体重はボディ

マス指数が18.5未満の場合です。

低体重の判定をif文で表現すると、次のようになります。

```
if (BMI < 18.5) {
    alert("あなたは低体重と判定されました");
}
```

さて、体重と身長のデータが与えられたとき、

① 肥満か
② 低体重か
③ ①②のどちらでもない

という3つの状態を判定するには、どうしたら良いでしょうか。

ここでは、真偽などの2つの状態だけでなく、3つ以上の状態を判定する条件判断をプログラムで行う場合について解説していきます。

こうした3つ以上の条件判断のプログラムを考えるときは、まず、条件を整理して、普通に日本語で考えると良いでしょう。ここでは、低体重、普通、肥満という順序で条件を考えます。例えば、こうなります。

もし、BMIが18.5未満なら、低体重。
そしてもし、BMIが25未満なら、普通。
それら以外なら、肥満。

ここで現れた「そしてもし」に当てはまる指定がJavaScriptにあります。それはelse if文です。else if文もelse文と同様、たいていのプログラミング言語で使うことができます。

そして最後に、どの条件にも当てはまらないのが、「それら以外」となり、else文になります。まとめると、表5-3のようになります。

第5日 条件を判断する 81

表5-3　if、else、else if の判定手順

日本語	指定	条件
もし	if文	BMI が 18.5 未満
そしてもし	else if 文	BMI が 25 未満
それら以外なら	else 文	結果的に BMI が 25 より大

　if文、else if文、else文を含めてプログラムとして表現すると、次のようになります。

```
if (BMI < 18.5 ) {
    alert("あなたは低体重と判定されました");
} else if (BMI < 25) {
    alert("あなたは普通と判定されました");
} else {
    alert("あなたは肥満と判定されました");
}
```

　全体をプログラムにまとめましょう（if3.html）。

if3.html

```
<script>
w = prompt("体重を入力してください(kg)");
h = prompt("身長を入力してください(cm)") / 100;
BMI = w / (h * h);
if (BMI < 18.5 ) {
    alert("あなたは低体重と判定されました");
} else if (BMI < 25) {
    alert("あなたは普通と判定されました");
} else {
    alert("あなたは肥満と判定されました");
}
```

```
</script>
```

　このプログラムをブラウザで実行して、体重や身長のデータをいろいろ入れてみてください。低体重、普通、肥満、の3つの状態の判定結果がそれぞれ表示されることが確認できるはずです。

5.5　条件を重ねる

　条件判断では、条件に条件を重ねることもできます。条件判断後にさらに条件判断させる場合です。具体的にいうと、if文の真偽判定のあとに実行する処理の文に、さらにif文を入れることになります。

　このように、条件に条件を重ねるとプログラミングは間違いやすくなります。その様子を例題で見ておきましょう。

　ここでは例題として、体重と身長から、普通とそれ以外（「体重に問題があります」）を表示するプログラムを考えてみます。

　例えば、次のような論理です。

> もし、BMIが25未満で、
> 　　さらにもし、BMIが18.5以上なら、普通としています。
> 　　それ以外なら「体重に問題があります」と表示します。

　実は、この論理は間違っています。「このまま進めて大丈夫かな？」と疑問が湧くかもしれませんが、あえてこのままプログラムとして表現してみます。次のようになります。

```
if (BMI < 25) {
    if (BMI >= 18.5) {
        alert("あなたは普通と判定されました");
    }
```

第5日　条件を判断する　83

```
} else {
    alert("体重に問題があります");
}
```

これをプログラムとしてまとめると、次のようになります（if4.html）。

if4.html

```
<script>
w = prompt("体重を入力してください(kg)");
h = prompt("身長を入力してください(cm)") / 100;
BMI = w / (h * h);
if (BMI < 25) {
    if (BMI >= 18.5) {
        alert("あなたは普通と判定されました");
    }
} else {
    alert("体重に問題があります");
}
</script>
```

　実行してみると、体重62kgで身長170cmなら「普通」と判定されます。また、体重80kgで身長170cmなら「体重に問題があります」と表示されます。ここまでは一見問題なさそうです。

　ところが、体重50kgで身長170cmでは、どうでしょうか。なにも表示されません。なにも表示されないというのは、先ほども触れましたが、プログラムがうまく動作していないことを意味しています。さて、なにが起きているのでしょうか。

　まず、体重50kgで身長170cmの場合でBMIの値を調べてみます。この数値は、以前、第3日の章で作成したプログラムを使ってもいいですし、今作成したプログラムにそれぞれの値を入力して、デベロッパー ツール

84　　第5日　条件を判断する

で変数BMIの値を調べてもいいでしょう。体重50kgで身長170cmの場合のBMIは、17.301038062283737になります。だいたい、BMIは17くらいです。ここで、この17という数値を、次に掲げた、このプログラムの考え方で見てみましょう。

もし、BMIが25未満で、
　さらにもし、BMIが18.5以上なら、普通としています。
　それ以外なら「体重に問題があります」と表示します。

最初のif文によるBMIが25未満の条件は満たしています。そこで、「さらにもし」の条件にある判断を行います。BMIが18.5以上かどうかです。ここでは、BMIは17くらいなので、「さらにもし」の条件判断は偽になります。そしてこの時点で、このプログラムの条件判断は終わります。「それ以外なら」の条件判断はされません。このプログラムでは、「それ以外なら」の条件判断がされるのは、「BMIが18.5以上」のときだけで、BMIが17では行われません。

つまり、このプログラムは、「体重に問題があります」と表示されるのは、BMIが25以上のときだけで、BMIが18.5未満の低体重の対応はできていなかったのです。ですから、このプログラムのような条件判断では、BMIが17になるような低体重のときは、なんの反応もしなくなってしまうのです。

このことが、このプログラムの欠陥。つまり、バグでした。

条件に条件を重ねることはできたのですが、今のままでは目的としたプログラムにはなっていません。プログラムを作成するときに、考え方を間違えると、このような間違ったプログラムができてしまうのです。プログラミングの難しいところはこういうところにもあります。論理的に考えることの難しさです。

プログラミングが難しいというのは、2つの意味があるといってもい

第5日　条件を判断する　　85

いでしょう。

　1つは、JavaScriptなどのプログラミング言語をきちんと学ぶことの難しさです。もう1つは、どのプログラミング言語にもいえますが、プログラムを論理的に考える難しさです。

　この2つ目の難しさ、論理的に考える難しさは、どのようにすれば克服できるのでしょうか。それは、プログラミング言語に惑わされず、プログラムに使う論理を日本語としてじっくり考えることです。日本語で考えて無理のない、筋の通った処理なら、論理的なプログラムになります。

　特に、else if文やelse文を使ったプログラムでは、プログラムを作成する前に日本語できちんと論理を組み立て、判定の順序を正しく構成できるように、条件を整理するとよいでしょう。このことが、プログラミングではとても大切になります。

5.6　もう1つの条件の重ね方

　条件を重ねるときは、もう1つ別のやり方があります。「論理演算」という方法です。論理演算は、どのプログラミング言語でも利用できます。論理演算は普段はあまり馴染みのない論理学の考え方です。プログラミングの初心者にはやや難しいので、ここでは、「そういうのもある」程度の理解でもいいでしょう。実際、論理演算を使わず、if文やelse if文、else文を組み合わせた処理でも同様の結果を出すことはできます。

　では、簡単に論理演算について紹介しておきましょう。ここでは、JavaScriptのプログラムに沿って説明していきます。

　例えば、「二本足で歩き、かつ、ダチョウではない」という表現があります。ここで使われている「かつ」に注目してください。論理演算には「論理演算子」が用いられますが、この「かつ」という言葉は論理演算子と同じ意味を持ちます。この「かつ」を「論理積（ろんりせき）」といい

ます。「論理積」は、数学の集合で習うベン図で表すと、図5-11に示す2つの円が重なった部分になります。

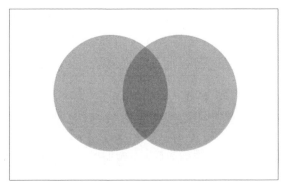

図5-11 論理積はベン図で重なった部分

　論理演算では「または」も使います。この「または」は、日常的ないい回しの「または」のように、「あれかこれか」ではなく「あれもこれも両方」という意味です。論理演算の「または」は、「どちらか1つ」という意味ではなく、「どちらかでも真ならよし」という意味です。「論理和（ろんりわ）」ともいいます。上の図5-11で見ると、重なった部分も含めて2つの円全体を指します。

　JavaScriptで用いる論理演算子は、「かつ」が&&、「または」が||になります。

　ここで、体重と身長のデータが与えられたとき、「普通」と「それ以外」（「体重に問題があります」）を表示する条件式を論理演算子で表してみましょう。例えば、BMIが「25以上か　または　18.5未満か」という条件を、「または」の論理演算子を使って表すと、次のようになります。

```
if ((BMI >= 25) || (BMI < 18.5)) { ... }
```

全体をプログラムとしてまとめてみます（if5.html）。

if5.html

```
<script>
w = prompt("体重を入力してください(kg)");
h = prompt("身長を入力してください(cm)") / 100;
BMI = w / (h * h);
if ((BMI >= 25) || (BMI < 18.5)) {
        alert("体重に問題があります");
} else {
    alert("あなたは普通と判定されました");
}
</script>
```

　このプログラムを実行して、いろいろな体重と身長の値を入れてみてください。結果的に、if4.htmlのバグを修正したプログラムになりました。
　このように、論理演算子を使ったプログラムを使えば、肥満と低体重をまとめて扱うことができます。

5.7　まとめ

　本章では、入力データに対してプログラムに条件判断をさせる手法として、if文、else文、else if文の使い方を学びました。さらに、論理演算子の基本についても少し紹介しました。
　こうしたif文などの使い方自体は難しくないのですが、どのように論理的に条件設定して処理をさせるかというのは、意外と難しいものです。このあたりの技術習得は経験によるところも大きいので、日常生活の中でも、論理的な思考を心がけるといいでしょう。

第6日　処理を繰り返す

　第5日では、第4日目までの1行目から順番に実行するプログラムとは異なる、条件によって処理の流れを変えるif文のプログラミングについて学びました。1行目から順番に処理していくプログラムから一歩前進し、少しコンピューターらしい実行をしてくれるプログラムを実感できたのではないでしょうか。第6日目ではさらにコンピューターらしいプログラム作りに欠かせない反復処理について学ぶことにします。これまでに学んだことをプログラムの構造の面から整理し、そのうえで新しい事柄を解説していきます。また、反復処理とともによく用いられる配列変数についてもいっしょに学ぶことにします。

6.1　プログラムの構造

　どのようなプログラムでも、複数の処理が組み合わさってできていて、それぞれの処理は流れ（フロー）を作るように順番にコンピューターによって実行されていきます。実際のプログラム開発では、プログラムを作成する前にフローチャートで、プログラムの処理が正しい流れで進むように書き表す作業を行います。

　本書ではこれまで、例示するプログラムが短いこともあり、この手順を省略してきましたが、ここでは構造の話を少ししますので、短い、部分的なフローチャートが登場します。フローチャートの詳しい説明は避けますが、フローチャートの作成は大きなプログラムを作成するときには必要なステップなので覚えておきましょう。

【コラム】フローチャートの概要

フローチャートはプログラムで行われる処理の順番を記述した図解です。次のようなあらかじめ決まった、いくつかの図を組み合わせて記述します。

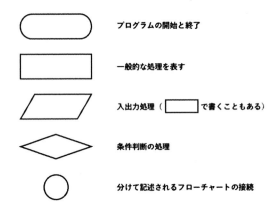

こうした図はほかにもありますが、基本的なプログラムの処理は、ここに示した図を覚えていれば、フローチャートに書き表すことができます。また、本書ではプログラム構造の一部を示す範囲にフローチャートの利用をとどめますので、用いるのは（長方形）と（ひし形）のみになります。

フローチャートでは、ここで紹介した図を線でつなぎ、処理の流れを著します（通常は、上から下へ流れるイメージでつなぎます）。

さて、プログラムの話に戻りましょう。

プログラムは、さまざまな処理が組み合わさった構造物と見ることがあります。フローチャートは、その構造の正しさを図面に示すステップともいえます。

のちほど、「構造化プログラミング」ということにも触れますが、まずは、そこで利用される構造化文について少し触れておきましょう。新しい言葉が出てくると少し身構えてしまいますが、そんなに難しいことを紹介するわけではありません。構造化文というのは、構造化プログラミ

ングに適したプログラミング言語に用意された予約語と覚えておいてください。

すでに、第5日目までに学んでいることも含まれています。さっそく学んでいきましょう。

6.2　プログラムの3構造

プログラムの構造には大きく分けて、次の3つがあります。

① 順次構造　　指定を順々に実行する
② 選択構造　　条件判断を行う
③ 反復構造　　一定の条件下で処理を繰り返す

①の順次構造は第4日目までに例示したプログラムのように、1行目から順番に実行されるプログラムの構造のことです。また、②の選択構造は、「第5日　条件を判断する」で学びました。条件によって処理の順番が変わることのある構造です。

学んでいないのは③の反復構造だけで、本章で構造を確認しながら学ぶことにします。最初に、これまで学んできたプログラミングの復習も兼ねて、順次構造と選択構造について説明します。それに続けて、反復構造について学んでいきましょう。

順次構造

本書でのプログラムの定義を覚えていますか。それは「あらかじめ用意した一連の動作の指示」でした。「一連の動作」というと、「なんだなんだ」と思うかもしれませんが、これは日常生活の中でも当たり前のようにあります。

例えば、広い意味でいえば、ご飯を炊く手順も（一連の動作で行う）プ

第6日　処理を繰り返す　91

ログラムです。

① お米をといで、
② 適量の水に浸し、
③ 炊飯器に入れて、
④ スイッチを押す。

ガスコンロで焚くなら、火加減という一種の変数も調整する必要があります。「始めチョロチョロ」、「中、ぱっぱ」……というふうに手順があります。

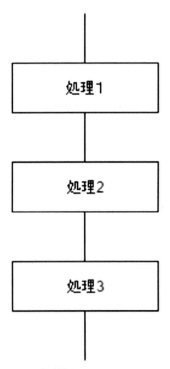

図6-1　順次構造のフローチャート

こうした手順はひと続きになっていて、紙面に表すと、あたかも上から下へと順次、処理が移っていく感じになります。処理1を行ったら、次は処理2、そして処理3という感じで順番に実行していくだけの手順です。これをプログラミングでは「順次構造」といいます。

フローチャートでは、図6-1のように表現します。

コラムでも触れたように、フローチャートは特に矢印の指定がない限り、上から下へ進み（流れ）ます。順次構造には、条件判断を用いて手順の流れを変えることはありません。これから学ぶ反復処理も登場しません。

選択構造

コンピューターが“らしさ”を発揮するのは、単純に処理を順に進めていくだけではなく、何かの条件によって異なる処理をしてくれるときです。つまり、プログラムにおける条件判断の処理がそれにあたります。「第5日 条件を判断する」で学びました。

例えば、あなたは、おなかが空いているとします。そして目の前に500円あれば食べられる牛丼屋と、500円以上必要なパスタ料理店が並んでいます。どちらも食べたい。さて、どうしますか。

判断はまず、財布をのぞいてから決めることになりませんか。財布の中身が500円までだったら牛丼屋、500円以上ならパスタ料理店、ということになるわけです。

こうした条件判断が処理に含まれていると、よりプログラムらしくなります。これが「選択構造」です。

よく雑誌などに掲載されている「あなたの理想の恋人はこのタイプ」などで使われるYES/NOチャートも選択構造をしています。

フローチャートでは、図6-2のように表現します。

この場合、処理1のあと、条件判断の処理があり、その結果がtrue（真）だったら処理2に進み、false（偽）だったら処理3に進みます。

第6日 処理を繰り返す　93

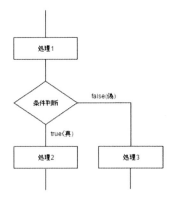

図6-2 選択構造のフローチャート

　なお、選択構造はfalseとtrueによる二者択一の条件判断だけでなく、3つ以上の選択を判断することもできます。例えば、サイコロの目は6つありますが、これら6つの出目に対する6つの処理をコンピューターに用意し、選択分岐させることなども可能です。

反復構造

　いよいよ本章のテーマである反復構造についてです。反復構造というのは、一定の条件下で同じ処理または同じ種類の処理を繰り返すことです。「コンサートのチケット売りの仕事」なども反復構造に似ています。コンサート開始までという条件下で同じ処理（作業）を繰り返すからです。
　プログラミングでは、こうした繰り返し実行するプログラムの構造を、「反復構造」のほかに、「繰り返し構造」とか「ループ構造」などと呼びます。
　さて、反復構造について学ぶ前に、少し考えてください。そもそも、プログラミングするのはなぜでしょうか。その必要性の原点は何でしょうか。
　答えの1つは、「同じ計算をする繰り返し作業から解放されたい」にありそうです。そうですね、反復して同じ処理を繰り返すことはうんざり

します。こういうことからも、プログラムに繰り返し処理をゆだねる理由がわかります。

例えば、反復処理には、次のようなタイプがあります。

ある処理（処理1）をしたあと、条件判断を行い、その判断にしたがって、もう一度その処理（処理1）を繰り返すか、条件によっては、その処理（処理1）を終えて、次の処理（処理2）に移る。

これをフローチャートで示すと、図6-3のようになります。

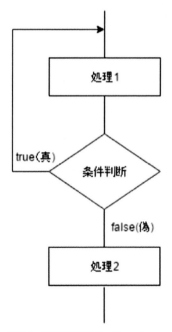

図6-3　反復構造のフローチャート

この例では、条件判断がfalse（偽）になるまで処理1を繰り返します。処理1が反復処理になるわけです。

||||||||||||||||||||||||||||||||||||||||||||||||||||||||||||||||||||||||||||||||||||||||||||||||||||||||
【コラム】無限ループの危険性

ところで、この反復構造のフローチャートをじっと見ていて、何か気づきませんか。

「もし、条件判断がfalse（偽）にならなかったら、どうなるのだろうか？」

「永遠に処理1を繰り返すことにならないだろうか？」

　その通りです。そうなる可能性があります。そうなると「無限ループ」という状態になります。プログラミングの典型的なミスの1つです。

　では、どのようにしたら、「無限ループ」を避けることができるのでしょうか。その答えは、「反復処理の中に、抜け出すための条件を正しく設定すること」です。
||||||||||||||||||||||||||||||||||||||||||||||||||||||||||||||||||||||||||||||||||||||||||||||||||||||||

6.3　反復処理を指定する

3つのタイプの反復処理

　どのプログラミング言語でも、基本的に次の3タイプの反復処理の予約語があります。

①do-while（ドゥ・ホワイル）　　　処理をしてから条件と照合する

②while（ホワイル）　　　　　　　条件と照合してから処理を行う

③for（フォア）　　　　　　　　　一定回数の処理を行う

　さっそく、JavaScriptでそれぞれの使い方を見ていきましょう。

do-while文の指定

　do-while文の書き方は、次のようになります。

```
do {
  <<繰り返し処理>>
} while (条件)
```

doとwhileの間にある｛｝の中に記述された部分が反復処理になります。記述からも明らかなように、do-while文は、反復処理の部分を実行したあとに条件判断を行い、処理を抜け出すか続けるかを判定します（判定がtrueならば繰り返しを継続し、falseならば繰り返しを終了）。つまり、do-while文では、反復処理の部分はかならず一度は実行されます。

フローチャートで示すと、図6-4のようになります。

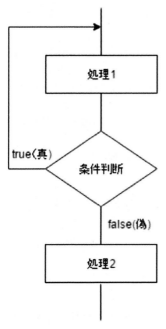

図6-4　do-while文の処理フロー

ちなみに、doは英語では「しなさい」、whileは「～の間は」ということです。つまり、「条件判断が充たされる間は指定した処理をしなさい」ということです。

do-whileの例

これまで作ってきた、肥満や低体重を計る指標BMI（ボディマス指数）の計算プログラムを振り返ってみましょう。このプログラムで複数の人のBMIを出したい場合のことを考えてください。

1人分の入力と表示を行ったら、もう一度プログラムを動かして次の人に備えることになります。これを人数分繰り返すことになります。いかがですか、何度も同じことを繰り返すことを考えると、なんだかうんざりしてきませんか。何かこれを回避する方法はないものか——。

そこで、次のようなプログラムを考えたいと思います。

||||||||||||||||||||||||||||||||||||||||||||||||||||||||||||||||||||||||||||||||||||||||||||||||||||||

1人の人の体重と身長を入力したらすぐにその人のBMIが表示され、続いて、次の人の体重と身長を入力できるようにする。そして、体重と身長が入力されたらすぐに、その人のBMIも表示される。これを終了の指示があるまで繰り返す。

||||||||||||||||||||||||||||||||||||||||||||||||||||||||||||||||||||||||||||||||||||||||||||||||||||||

このようなプログラムにすると、プログラムの起動の操作が軽減され、作業が少し楽になりませんか。

このプログラムのポイントは、「終了の指示があるまで繰り返す」という部分です。逆にいうと、終了するには、何か指示を与えるということになります。このように、反復処理のプログラムで重要なのは、どのような条件で反復処理を終えるかということです。そこで、このプログラムでは、

「肥満度チェックを続けますか？　「はい」ならyを入力してください。それ以外なら終了します。」

という処理を継続するかどうかを尋ねるメッセージを表示します。入力されるyは半角アルファベット1文字に限定して、これを条件にして、反復処理を継続するかどうかを決めることにします。

入力した文字がそれを満たされなければ、反復処理は終了します。つ

まり、y以外の文字の入力で、反復処理を終了するわけです。

　反復構造を作成するときはまず、do-whileの構造の枠組みを決めておくと良いでしょう。次のようになります。

```
do{
    finish = "";

    <<ここに繰り返す処理>>

    finish = prompt("肥満度チェックを続けますか？
「はい」ならyを入力してください。それ以外なら終了します。");
} while ( finish == "y")
```

　do文のあとの ｛ ｝ の中に書く反復処理の部分は4文字ほどインデントして行頭を揃えておくと見やすくなります。

　では、さっそくプログラムの内容を見てみましょう。

　まず、yという文字の入力を保持しておくために、finishという変数を用意します。この変数は反復処理の最初の部分では空っぽであったほうがいいので（条件判断を白紙状態にしておく）、空にするための""（ヌル文字）を入れておきます（「変数の初期化」といいます）。反復処理を続ける条件は、finish == "y"とします。

‖‖
【コラム】「ヌル文字」って何！？
　ヌル文字というのは、コンピューターでは「長さのない文字列」という意味です。つまり、「1文字もない状態」であり、文字列を収納する変数の初期化などに用いられます。
‖‖

第6日　処理を繰り返す

あとは、第5日の章で作成した判定用の処理を反復処理として、《ここ
に繰り返す処理》の部分に置き換えます。次のようになります。

test_script1a.html

```
<script>
do{
    finish = "";

    w = prompt("体重を入力してください(kg)");
    h = prompt("身長を入力してください(cm)") /
100;
    BMI = w / (h * h);
    if ( (BMI >= 25) || (BMI < 18.5)) {
        alert("体重に問題があります");
    } else {
    alert("あなたは普通と判定されました");
    }

    finish = prompt("肥満度チェックを続けますか?
「はい」ならyを入力してください。それ以外なら終了しま
す。");
} while ( finish == "y")
</script>
```

これで完成です。

実行すると、BMI計算の反復処理を終了するかどうかを求めるところ
では、図6-5のようにメッセージが表示されます。

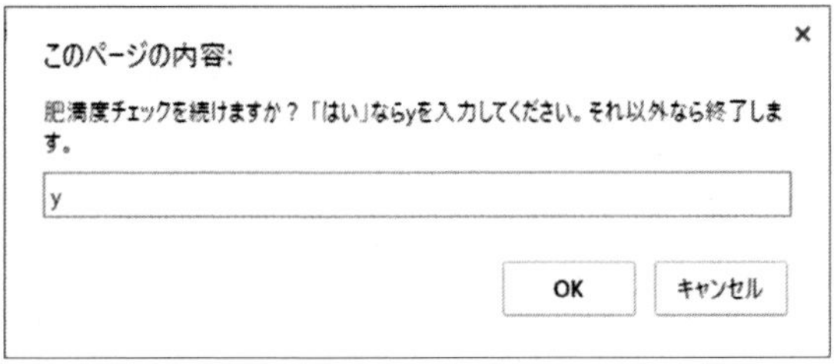

```
このページの内容:
肥満度チェックを続けますか？「はい」ならyを入力してください。それ以外なら終了します。

y

                              OK        キャンセル
```

図6-5　yを入力すると反復処理を続ける

while文の指定

　次はwhile文での反復処理です。

　while文はdo-while文と似ています。違いは条件判断をする位置です。do-while文の条件判断は反復処理を一度実行したあとに行いましたが、while文では、処理を行う前に行います。したがって、最初の状態で条件を充たさないときは、反復処理は一度も実行されません。指定は、次のようになります。

```
while (条件) {
<<繰り返し処理>>
}
```

　ちょっと見ると、while文のほうがdo-while文より、doがないだけ簡単そうに思えるかもしれません。フローチャートで見ると、図6-6のようになっています。

　フローチャートに表すと、do-whileのプログラムで見るより少し複雑な処理の印象を持つかもしれませんね。でも、そんなことはありません。

　プログラムで考えてみましょう。

図6-6 while構造の処理フローチャート

whileの例

学ぶ順が逆になりますが、ここでは最初に、あえて間違った例を作成してみます。

というのも、while文を使うときには、ついこういう間違ったプログラムを作りがちだからです。どういう間違いかというと、do-while構文の例にあった終了の条件をそのままwhileでも適用してしまうことです。

前提となるdo-whileのプログラムでは、次のようにしました。

```
do{
    finish = "";

<<ここに繰り返す処理>>

    finish = prompt("肥満度チェックを続けますか？
```

```
「はい」ならyを入力してください。それ以外なら終了しま
す。");
} while ( finish == "y")
```

　この条件判断の部分がwhile文を使うときにもそのまま使えるのでは
ないかと考えてしまうわけです。プログラムにすると、次のようになり
ます。

```
while ( finish == "y") {
    finish = "";

    <<ここに繰り返す処理>>

    finish = prompt("肥満度チェックを続けますか?
「はい」ならyを入力してください。それ以外なら終了しま
す。");
}
```

　このプログラムでは、反復処理は一度も実行されません。なぜでしょう?
　実際に動かないことを確かめてもいいのですが、while文の特性を考
えるとわかるので、ここではプログラムの処理手順を紙面で追ってみる
ことにします。

　while文では、「最初に条件判断をする」ことになっています。この
プログラムでは、変数finishの値がyかどうかを判定しています。実
は、このfinishに問題があります。
　というのは、最初の時点でfinishという変数自体が処理の流れの中
で不明なのです。これは、finishという変数があって、その中に何が
入っているかわからないということではなく、JavaScriptからすると「そ

第6日　処理を繰り返す　　103

もそもfinishという変数は何？」という状態になり、そこで、プログラムは動かなくなるのです。

では、どうすれば良いのでしょうか。

答えは、最初にfinishという変数を指定して、そこにyをあらかじめ指定しておきます。プログラムとしてまとめると、次のようになります。

test_script1b.html

```
<script>
finish = "y";
while ( finish == "y"){
    finish = "";

    w = prompt("体重を入力してください(kg)");
    h = prompt("身長を入力してください(cm)") /
100;
    BMI = w / (h * h);
    if ( (BMI >= 25) || (BMI < 18.5)) {
        alert("体重に問題があります");
    } else {
    alert("あなたは普通と判定されました");
    }

    finish = prompt("肥満度チェックを続けますか？
「はい」ならyを入力してください。それ以外なら終了しま
す。");
}
</script>
```

なお、表示の結果は、do-while文のプログラムと同じなので省略します。

do-while文とwhile文では、条件指定は異なりますが、同じ結果

104 ｜ 第6日　処理を繰り返す

を出すことができます。

6.4　for文と配列変数

for文で配列変数を扱う

　JavaScriptに限らず、たいていのプログラミング言語には、一定数の
反復処理に用いるfor文があります。あらかじめ、繰り返しを行う処理
の回数が決まっている場合などに用います。

　そのときによくいっしょに用いられるのが、配列変数です。for文は
配列変数のインデックスの操作と合わせて利用されます。そこでまず、
配列変数について説明します。

配列変数について

　プログラミングでは、配列変数をよく利用します。配列変数というの
は、番号付きの変数のことです。

　例えば、「2年B組の8番」といった学校のクラスの出席番号のような
ものです。1つの変数のグループに含まれる複数のデータを番号で管理
するといってもいいでしょう。

　そして、この配列変数の番号のことを「インデックス」(index)といい
ます。インデックスといって思い出すのは、書籍などの巻末にある「索
引」(インデックス)ではないでしょうか。索引で用語を探し、見つけた
ページを開くという使い方をします。プログラムでも同じように、配列
変数からインデックスを頼りにして、特定のデータが選び出せるように
できます。

　では、JavaScriptの配列変数の説明に入りましょう。

　ここに、4人のパイロットがいるとします。これらを表現するとき通
常の変数なら、pilot1、pilot2、pilot3、pilot4とします。そし

て、それぞれに該当するパイロットの名前が、rei、asuka、shinji、
tojiだとします。これらの名前を変数に代入するにはどのようにしま
すか。

そうですね、JavaScriptでは、

```
pilot1＝"rei";
pilot2＝"asuka";
pilot3＝"shinji";
pilot1＝"toji";
```

のように1つずつ代入することになります。これに対して同じことを、配
列変数で行うと、次のようになります。

```
pilot = [ "rei", "asuka", "shinji","toji"];
```

いかがですか。普通の変数では4行必要だったところを1行で記述でき
るのです。

変数名はpilotで1つ。そして、4人のパイロットを区別するのはイ
ンデックスという番号になります。上記のように指定した場合、それぞ
れの名前は次のように、変数名とインデックスで指定できます。

reiは、pilotの0番目なので ——→ pilot[0]

asukaは、pilotの1番目なので ——→ pilot[1]

shinjiは、pilotの2番目なので ——→ pilot[2]

tojiは、pilotの3番目なので ——→ pilot[3]

ここで [　] の中に入れた数字が「インデックス」ですが、「添え字」
あるいは「添え数字」ということもあります。インデックスは0から始

まる整数が順番に当てはまります。

配列変数で注意したいのは、プログラミング言語によってインデックスに使用するカッコの形に違いがあることです。

JavaScriptの場合は、pilot(1)のような通常の丸カッコは用いず、pilot[1]というように角カッコ（大カッコ）を使います。CやJava、Pythonなどのプログラミング言語も角カッコです。これに対して、歴史のあるFotran、COBOL、BASICなどのプログラミング言語では丸カッコを使っています。

なお、配列変数に入るデータが決まっていないけれど、配列変数は用意しておきたいときは、JavaScriptではとりあえず、次のように空っぽの角カッコを指定しておきます。

```
pilot = [];
```

配列をfor文で処理する

配列変数を使う理由は、インデックスの数から対応する変数の値を呼び出せることです。変数名が同じで、異なるのはインデックスだけですから、変数の値を取り出すときにインデックスだけ変化させればいいことになります。このようなときに、いっしょに使われるのがfor文なわけです。

ここでは、for文を活用して、配列変数で示されたpilot[0]、pilot[1]、pilot[2]、pilot[3]の4人について、体重と身長を次々と入力し、それぞれのBMI判定をいっしょに表示できるようにしてみましょう。

これには、pilotの配列変数のほかに、それぞれのBMIの値を保持するための配列変数と、その判定表示用の配列変数が必要になります。そ

第6日　処理を繰り返す　107

れぞれ配列変数名を、BMIとmessageとしておきます。

配列変数はあらかじめ、次のように初期化しておきます。

```
pilot = [ "rei", "asuka", "shinji","toji"]
BMI = [];
message = [];
```

for文のプログラムは、次のようになります。

```
for (inx = 0; inx <= 3; inx++){

    <<ここに繰り返し処理>>

}
```

for文のあとに続く（　）の中には、次のように3つの指定が入ります。

for （初期値; 繰り返しの条件判断; 変化）

「初期値」では、条件判定に用いられる変数に最初の値を設定します。「繰り返しの条件判断」には、繰り返す回数が上限（下限）に達したかどうかの判定をする式を入れます。また、「変化」にはカウンタなどを行う式を入れます。inx++は、処理ごとに1つカウントアップします。

ここで少し考えてください。pilotは4人います。ですから、for文のインデックス用の変数inxの初期設定を0としていることと合わせて考えると、繰り返し終了の条件をinxが3以下として指定したくなります（0から始まって4回繰り返したときが終了と考える）。

間違いではありませんが、この指定だと、これから、pilotの数が増

108 ｜ 第6日 処理を繰り返す

えた場合（例えば、"kaoru"を加えた場合）、それに合わせてinx <=
4とその都度、for文の条件を変更する必要があります。これは少し面
倒です。決まった処理は将来的にもできるだけ変更を少なくしておきた
いものです。

　このようなときの対策としては、配列の数が自動的にわかって、条件判
定が変化してくれると便利です。このような場合に使えるのが、length
というプロパティです。

　プロパティというのは、その対象の性質を示すもので、配列ならlength
プロパティでその個数がわかります。プロパティは配列変数にピリオド
を介してつなげて指定します。

　この部分をまとめると、次のようになります。

```
for (inx = 0; inx < pilot.length; inx++){

    <<ここに繰り返し処理>>

}
```

　注意したいのは、lengthで示されるのは個数なので、ゼロから数え
るインデックスの値とはズレが生じることです（lengthは4で終わり、
添え字は3で終わる）。そこで反復条件を、その個数未満として、inx <
pilot.lengthとします。

　また、反復処理の部分は、次のようになります。

```
w = prompt(pilot[inx] + "の" + "体重を入力してく
ださい(kg)");
h = prompt(pilot[inx] + "の" + "身長を入力してく
ださい(cm)") / 100;
```

第6日　処理を繰り返す　　109

```
BMI[inx] = w / (h * h);
if ( (BMI[inx] >= 25) || (BMI[inx] < 18.5)) {
    message[inx] = pilot[inx] + "は" + "体重に
問題があります。";
} else {
    message[inx] = pilot[inx] + "は" + "普通と判
定されました。";
    }
```

　このプログラムを《ここに繰り返し処理》の部分に入れれば、for文
でのBMI計算の反復処理は作成完了です。

　少し複雑に見えますが、変数が配列変数に変わっただけで、処理内
容はこれまで学んだプログラムと同じです。3種類の配列変数には、例
えば、pilot[1]は"asuka"で、BMI[1]にはasukaのBMI値が入り、
message[1]にはasukaの判定が入り、セットで処理が進むことをプロ
グラム上で確認してください。

　判定までのfor文による処理が終わったら、判定結果についても、次
のfor文で表示させることにしましょう。この部分は、次のようになり
ます。

```
for (inx = 0; inx < pilot.length; inx++){

    alert(message[inx]);

}
```

　全体をまとめます。

test_script2.html

```
<script>

pilot = [ "rei", "asuka", "shinji","toji"]
BMI = [];
message = [];

for (inx = 0; inx < pilot.length; inx++){

    w = prompt(pilot[inx] + "の" + "体重を入力し
てください(kg)");
    h = prompt(pilot[inx] + "の" + "身長を入力し
てください(cm)") / 100;
    BMI[inx] = w / (h * h);
    if ( (BMI[inx] >= 25) || (BMI[inx] <
18.5)) {
        message[inx] = pilot[inx] + "は" + "体
重に問題があります。";
    } else {
        message[inx] = pilot[inx] + "は" + "普
通と判定されました。";
    }

}

for (inx = 0; inx < pilot.length; inx++){

    alert(message[inx]);

}

</script>
```

第6日　処理を繰り返す　111

実行すると人数分、順に体重と身長の入力が求められ、全員の入力が終わると順々に判定が表示されます（図6-7）。

図6-7　判定表示の例

6.5　わかりやすいプログラムを実現する「構造化プログラミング」

　今回学んだdo-while、while、forの3つの文はいずれも反復処理が必要なときに用いられる予約語です。これらの予約語を用いてプログラミングをすると、見やすい、わかりやすいプログラムになります。プログラミングにおいては、この「見やすい、わかりやすい」ということは重要です。

　プログラムは一度作ったら「それで、もうおしまい」ということはありません。新たに機能を加えたり、処理の正確さや速度などを向上させるために修正を加えたりします。しかも、大きなプログラムで長く使われるようなものでは、1人の人がずっと同じプログラムの開発やメンテナンスを担当することはありません。担当が変わってもプログラムは正しく理解できるようになっている必要があります。

　古典的なプログラミング言語にはgoto文という予約語があり、処理の流れを自在に変えることができました。このgoto文のせいだけではありませんが、きちんとした構造がなく、処理の流れがわかりにくいプログラムが存在したのも事実です。そうしたプログラムを「スパゲッティプログラム」ということもあります。プログラムが制御不能という事態

を生み出すこともありました。

そうしたわかりにくいプログラムの反省から、「見やすいプログラムを書こう」ということで提唱されたのが、「構造化プログラミング」という考えです。

本章で紹介した3つの構造は、この構造化プログラミングを実現するための基本になります。次章で紹介する関数の活用などもプログラムの構造化に効果を発揮します。

また、JavaScriptなど現代主流のプログラミング言語では、基本的に制御不能ということはほとんど発生しないようにできています。プログラム構造が自然に守られるようになっているといってもいいでしょう。

それでも、非論理的な条件判断や、終わりのない反復構造など、構造上の間違いはプログラミングではしばしば発生します。これを防ぐには、JavaScriptなど現代のプログラミング言語を使うときにも、3つの基本構造はしっかり意識しておくことが大切です。プログラムを書く前に、先に紹介したフローチャートと呼ばれる図を描いて、処理の流れを明確にしてからプログラミングを進めるのもいいでしょう。

6.6 まとめ

本章では、3つプログラムの基本構造について、第5日の章までの復習もしながら学びました。

① 順次構造
② 選択構造
③ 反復構造

構造の理解にあたっては、フローチャートを用い、視覚的に処理の流れをとらえる方法についても学びました。

③の、本章であらたに学んだ反復構造では、

・do-while文
・while文
・for文

というJavaScriptだけでなく、多くのプログラミング言語にある予約語の使い方を学び、for文では相性のいい配列変数についても紹介しました。

　さらに、今回整理したプログラムの3つの構造は、見やすいプログラム作りには欠かせない構造化プログラミングを実現するために用いることについても触れました。プログラミングでは、この「見やすさ。わかりやすさ」ということは重要で、これを実現するためには、次章で学ぶ関数も効果的なので、続けて覚えていきましょう。

第7日　関数を定義する

　ここまでは例題を通して、プログラムの根幹をなす変数と計算、そして条件判断と反復処理について学んできました。こうしたプログラムの機能をコンパクトにまとめて、別のプログラム用の部品として使えるようにしたものが関数です。関数を理解することは、プログラミングの可能性を広げます。

7.1　関数の考え方

　これまでは、体重と身長のデータからボディマス指数を求め、そこから肥満、低体重、普通という判定を表示するという処理を1つのプログラムとして作成しました。なお、ここでは第6日目で学んだ反復処理を加える前の状態を考えてください。

　このプログラムで行う処理を、工場のように考えると、入れた材料が体重と身長という2つのデータで、工場から加工されて出てきた製品が判定メッセージ、ということになります。つまり、このプログラムは、2つの数字データを入れると、1つの文字列が出てくるという仕組みになっています。

　入力が2つの数字データ、そして処理が計算と条件判断、そして出力が、1つの文字列ということです。

　　入力　→　処理（プログラム）　→　出力

　このように、プログラムを「入力」と「処理」と「出力」として見るという考え方は、関数でも同じです。関数にデータを入れると、処理し、

新たなデータを出力します。

入力　→　処理（関数）　→　出力

このように、関数はプログラムを小さくまとめた機能を持ちます。こうした関数を、JavaScriptなどのプログラミング言語では一定の規則にしたがって定義できます。これを「関数の定義」といいます。関数の定義の方法は、プログラミング言語によっていろいろ異なりますが、考え方は同じです。JavaScriptから慣れていくと良いでしょう。

実際に、JavaScriptを使って関数を定義する例として、本章では、体重と身長の入力から、判定のメッセージを出力する関数を作成していきます。

関数はプログラムの部品として使うことが多いので、最初に名前を付けておくと扱いやすくなります。この関数の名前は、仮にBMImessageと決めておきます（messageはメッセージなので、BMImessageは「BMIのメッセージ」という意味を込めている）。

BMImessageという関数では、体重wと身長hというデータを変数に入力します。そして、肥満判定のメッセージを出力します。

入力　　　　　　→　処理：計算　　　→　出力
体重wと身長h　→　BMImessage　→　肥満判定

JavaScriptでは、（BMImessageの）関数を次のような形式で表現します。なお、（ ）前後の空白は見やすくするために入れたもので、入れなくても問題ありません。

```
BMImessage ( w, h )
```

116　第7日　関数を定義する

入力が（ ）内の変数になっている点に注意してください。関数で使う入力用の変数を「引数（ひきすう）」といいます。

この関数で行う処理結果の出力は肥満判定のメッセージです。そしてそれが、まさに、wとhにデータを渡したあとのBMImessage（w, h）で表現できます。関数は処理であると同時に、その表現は出力そのものも表します。

入力、処理（関数）、出力の関係でまとめると、表7-1のようになります。

表7-1　入出力と処理の関係

入力	処理（関数名）	出力
w, h	BMImessage	BMImessage (w, h)

繰り返しますが、BMImessage（w, h）は、wとhという入力を指定した時点でメッセージそのものになります。

したがって、BMImessageという関数が出力するメッセージは、例えば、新たに用意するMyDisplayという名前を付けた変数に代入して受け取ることができます。

これをJavaScriptプログラムとしてまとめると、次のようになります。

```
MyDisplay = BMImessage ( w, h );
```

出力の結果は、JavaScriptの代入の文で受け取るので、文末にはセミコロン（;）も付けます。

ではこれから、BMImessage関数による処理をプログラミングして仕上げていきましょう。

7.2　関数の定義方法

JavaScriptで関数を定義するには、次の形式を使います。

まず、functionというキーワード（予約語）を書き、そのあとに空白1文字分を空けて、その後ろに定義したい関数名を記し（自由に名付けて良い）、続くカッコ内に入力データ用の引数を指定します。引数はカンマで区切って複数指定することもできます（先ほど示した、これから作成する関数BMImessageの形式を参照）。

```
function   関数名(引数)
```

　続く中カッコ内に関数の働きと出力（ここではメッセージ）をreturn文で指定します。関数の出力のことを返却値（へんきゃくち）または返り値（かえりち）、戻り値（もどりち）などといいます。

```
function 関数名(引数){
   関数の働き
   return 返却値;
}
```

　なお、通常の関数指定の閉じ中カッコの後ろには、if文と同様、セミコロン（;）を付けません。
　以上、言葉で説明すると難しそうですが、定義の形式を書くのは慣れれば簡単です。
　また、関数によっては、返却値がないこともあります。関数の働きとしてなにかの動作をするだけの場合です。

7.3　関数の働きをプログラミング

　関数の働きを具体的にプログラミングしていきましょう。
　ここでは、下敷きとなるプログラムが、すでにあります。第5日目まで

に作成したボディマス指数の計算プログラムです（第6日のプログラムでは反復処理が加わり、そのまま関数にするには不向きな状態になっている）。ここでもう一度、プログラムを示しておきます。確認しましょう。

if3.html

```
<script>
w = prompt("体重を入力してください(kg)");
h = prompt("身長を入力してください(cm)") / 100;
BMI = w / (h * h);
if (BMI < 18.5 ) {
    alert("あなたは低体重と判定されました");
} else if (BMI < 25) {
    alert("あなたは普通と判定されました");
} else {
    alert("あなたは肥満と判定されました");
}
</script>
```

このプログラムを、関数の働きとしてそっくり関数定義に入れたいのですが、このままでは出力される返却値が整理されていません。まずそこを整理し直す必要があります。

整理のポイントは、表示されるメッセージを返却値にすることです。そのために、肥満、普通、低体重といった判定のメッセージを出力しやすい1つの変数にまとめる必要があります。

まとめる部分は、実際の計算と条件判断をする次の個所です。

```
BMI = w / (h * h);
if (BMI < 18.5 ) {
    alert("あなたは低体重と判定されました");
} else if (BMI < 25) {
```

第7日　関数を定義する　　119

```
    alert("あなたは普通と判定されました");
} else {
    alert("あなたは肥満と判定されました");
}
```

このメッセージ部分を返却値用のmessageという変数に代入してまとめます。次のようになります。

```
BMI = w / (h * h);
if (BMI < 18.5 ) {
    message = "あなたは低体重と判定されました";
} else if (BMI < 25) {
    message = "あなたは普通と判定されました";
} else {
    message = "あなたは肥満と判定されました";
}
```

これで関数の働きについては、ほとんどの部分ができました。最後に、返却値となるmessageをreturn文で指定します。

関数の中身をまとめると、次のようになります。

```
BMI = w / (h * h);
if (BMI < 18.5 ) {
    message = "あなたは低体重と判定されました";
} else if (BMI < 25) {
    message = "あなたは普通と判定されました";
} else {
    message = "あなたは肥満と判定されました";
}
return message;
```

これで、関数定義に入れる中身ができました。

関数の定義に入れてみましょう。入力用のwとhが引数として指定してあるので、wとhに体重と身長の値を入れれば、関数の内部に渡されます。

```
function BMImessage ( w, h ){
    BMI = w / (h * h);
    if (BMI < 18.5 ) {
        message = "あなたは低体重と判定されました";
    } else if (BMI < 25) {
        message = "あなたは普通と判定されました";
    } else {
        message = "あなたは肥満と判定されました";
    }
    return message;
}
```

これで、関数が完成です。なお、関数の働きの部分（中身）は、見やすくなるようにインデント（字下げ）するのが慣例です。インデントは通常4文字など、いつも決まった文字数で指定します。

次は、この自作した関数を活用する方法です。

7.4　関数の使い方

自作した関数は、関数名と引数を指定した文として利用できます。

例えば、関数BMImessage（w, h）ならば、wとhに数字を指定すれば、そのまま返却値が得られます。BMImessage（w, h）自体が、返却値に置き換わると考えてもよいでしょう。つまり、この場合は、wとhにデータを渡した時点で、BMImessage（w, h）が判定メッセージそのものになります。

第7日　関数を定義する　121

そして、JavaScriptの関数の定義では、定義された関数が部品として
使いやすいように、定義部分をプログラムの冒頭に置くことも終わりに
置くこともできます。ここでは仮に、終わりのほうに置いてみます。こ
のようにすることで、プログラム全体がわかりやすくなり、構造化プロ
グラミングの一助になります。

　以上、BMImessage（w, h）関数を使って、全体のプログラムを
まとめていきましょう。

　まず、関数以外のプログラムを構成しておきます。プログラムの入力
の仕組みは、次のように指定します。すでに見てきた通りです。

```
w = prompt("体重を入力してください(kg)");
h = prompt("身長を入力してください(cm)") / 100;
```

　ここで得られたwとhを引数として関数のBMImessageに渡せば、そ
れだけで返却値として判定メッセージを得ることができます。そこで、
その出力となる返却値を変数myDisplayに代入させます。

```
w = prompt("体重を入力してください(kg)");
h = prompt("身長を入力してください(cm)") / 100;
myDisplay = BMImessage ( w, h );
```

　最後に、関数BMImessageから受け取った変数myDisplay内の判
定メッセージをalert( )で表示させることにします。

```
w = prompt("体重を入力してください(kg)");
h = prompt("身長を入力してください(cm)") / 100;
myDisplay = BMImessage ( w, h );
alert(myDisplay);
```

122　　第7日　関数を定義する

これで、プログラムの本体部分ができました。

あとは、これに自作関数の定義部分を付けて、最後にscriptタグを付ければプログラム全体の完成です。全体は、次のようになります（func.html）。

func.html

```
<script>
w = prompt("体重を入力してください(kg)");
h = prompt("身長を入力してください(cm)") / 100;
myDisplay = BMImessage ( w, h );
alert(myDisplay);
function BMImessage ( w, h ){
    BMI = w / (h * h);
    if (BMI < 18.5 ) {
        message = "あなたは低体重と判定されました";
    } else if (BMI < 25) {
        message = "あなたは普通と判定されました";
    } else {
        message = "あなたは肥満と判定されました";
    }
    return message;
}
</script>
```

プログラムの行数がだいぶ増えてきましたが、ここまで順を追って作成してくれば、理解できるはずです。1行ずつ意味を確認してみてください。

さて、プログラムができたので、実行してみましょう。

動作は、以前に関数定義なしで作成したプログラムと同じ動作なので、ここでは、結果の画面は省略します。

第7日　関数を定義する　123

7.5 なぜ関数の定義が必要なんだろう？

JavaScriptに限らず、ほとんどのプログラミング言語では関数の定義を使います。ここで再び、プログラミングで、なぜ関数の定義が必要になるのかということを考えてみます。

理由は、関数をプログラムの部品として使うということでした。

そのことは同時に、できるだけ、プログラムの機能を小さく分割するということも意味します。そして、部品化した関数は他のプログラムに移植して利用することも可能です。

例えば、コンピューターでも自動車でも洗濯機でもそうですが、大きな機能を持った装置は、小さく分割された部品から構成されています。

プログラミングでも同じです。機能ごとに部品をまとめておけば、全体の設計がしやすくなります。問題が発生したときも、どの部品に問題があるかわかりやすくなります。その他、関数によって処理を部品にすることで、処理に使う入力と出力の関係を明確にすることができます。

関連して、もう1つ考えておきたいことがあります。

この自作した関数を見ていると、あることに気がつくはずです。

これまで、出力にalert( )、入力にprompt( )を使ってきましたが、これらも形式から見て関数であり、多くのプログラムで使われる部品と見ることができます。すると、これらの関数はいったいどこで定義されているのか気になります。

それは、ブラウザの中の見えないところでこっそりと定義されているのです。

このように定義しなくても使える関数には、2種類あります。

① ブラウザが持っている関数
② JavaScriptというプログラミング言語が持っている関数

124 | 第7日 関数を定義する

特に、2番目を組み込み関数といいます。ほとんどのプログラミング言語は多数の組み込み関数を持っていて、三角関数や対数の計算は組み込み関数で行います。

より正確にいえば、これらは関数ではなく「メソッド」といいます。しかし、ここでは、関数とメソッドは同じものと理解していてかまいません。

7.6　まとめ

本章では、関数の定義の方法と使い方を学びました。

関数は、プログラムの部品です。この部品作成では、

① 引数となる入力
② 処理（関数定義）
③ 出力される返却値

の3項目が重要になります。

関数は作り置きのプログラムともいえます。関数を利用できるのは1つのプログラムだけではありません。他のプログラムでも利用できます。1つの関数が複数のプログラムで利用できれば、プログラムの開発効率が上がります。職業としてプログラマーをしている人たちは、このようなことも考えながらプログラム開発を行っています。

このように関数は、JavaScriptプログラミングに限らず、プログラミングを学ぶうえでもっとも重要なことの1つです。

特に、関数の定義の仕方、引数、返却値の扱い方などについて、例題を通してよく理解しておいてください。

総集編　基本の基本でも、プログラムは作れる！

　本書の最後の課題として、これまで学んできたプログラミングの知識、それも基本の基本でプログラムを作ってみましょう。というのは、7日目で学んだ関数のプログラムでは、説明の都合上、6日目に学んだ反復構造と配列の内容を含んでいません。そこで、ここでは全日程の内容を反映したプログラムを紹介し、ポイント解説を加え、本書で学んだプログラミングのまとめとしています。

最終プログラムの概要

　作成したプログラムの機能は、次のようになります。

　プログラムを動かすと、BMI判定をするかどうかを聞いてきます。ここで「y」を入力すると、BMI判定の処理に入ります。判定処理の最初では、名前と体重、身長の入力が促されます。そして、3つのデータの入力後は、計算が行われ、判定メッセージが表示されます。
　以上の処理は、連続して行えるようにしました。
　処理を終了するときは、BMI判定をするかどうかを聞いてくるところで「y以外の文字」を入力します。終了前には、それまで行った人数分のBMIの判定結果が一覧表示されます。

　プログラムは、次のようになります。

allcontents.html

```
<script>
```

```
user = [];
myDisplay = [];
count = 0;
allDisplay = "";

for ( inx = 0; inx < 99999; inx++){
    judge = prompt("BMIの判定をしますか？ するとき
は「y」を入力してください。それ以外は終了します。");
    if (judge == "y"){
        count = count + 1;
        user[inx] = prompt("名前を入力してくださ
い");
        w = prompt("体重を入力してください(kg)");
        h = prompt("身長を入力してください(cm)")
/ 100;

        myDisplay[inx] = user[inx] + "さん、" +
BMIcal ( w, h );

        alert(myDisplay[inx]);
    } else {
        inx = 99999;
    }
}
if (count != 0){
    for(inx = 0; inx < count; inx++){
        allDisplay = allDisplay +
myDisplay[inx] + "\n";
    }
    alert(allDisplay);
}
alert("終了します");
```

総集編　基本の基本でも、プログラムは作れる！　127

```
function BMIcal ( w, h ){
    BMI = w / (h * h);
    if (BMI < 18.5 ) {
        message = "あなたは低体重と判定されました";
    } else if (BMI < 25) {
        message = "あなたは普通と判定されました";
    } else {
        message = "あなたは肥満と判定されました";
    }
    return message;
}
</script>
```

プログラムの処理内容

　注目してほしいのは、2つの for 文による反復処理の意味と関数 BMIcal の呼び出し部分です。

　プログラムの中心は、最初に出てくる for 文による反復処理の部分です。この中で、BMIの計算と判定メッセージの生成を行っている関数 BMIcal を呼び出していますが、関数 BMIcal の内容は7日目に作成したものと同じです。あと、いくつか出て来る if 文の使い方と配列変数のインデックスと反復処理で使っている変数 inx の関係にも注意です。

　続いて、どのような動きをするプログラムになっているかについて簡単に紹介しておきましょう。

　名前と体重、身長を入力すると、「○○さん、あなたは△△と判定されました」と判定結果を示します。この処理は先ほどもいいましたが、連続で行えるようになっています。行っているのは最初の for 文による反復処理です。

　また、判定を終えてプログラムを終了するときには、人数分の判定結

果を一覧表示します。この処理は、if (count != 0) に続く2つ目の
for 文で行っています。

　基本的な機能は以上のようになりますが、処理の流れを親切にするた
めに、いくつかの設定や条件判定も行っています。いくつかのポイント
を、次の項目で紹介します。

新たなプログラミングのコツ

　少し大げさな表現になりますが、ここで紹介したプログラムでは、今
後のプログラマー人生に役立つテクニックなども使っています。新出の
JavaScript の内容とともに紹介しておきましょう。

　先ほどもいいましたが、プログラムの本体は、for (inx = 0; inx
< 99999; inx++) で始まる反復処理の部分です。特徴的なところを、
次に紹介します。

for 文の判定条件にある「99999」　　最初の for 文にある条件判定に
「99999」という、「1回のプログラムの実行で、BMI判定をこんな回数は
しないだろう」という大きな数値が設定してあります。一般的に for 文
は、決まった回数分の反復処理に向いています。しかし、処理回数が決
まっていない場合でも、このような「ありえない」大きな数値などを設
定して、回数の決まっていない反復処理にも使うことができます。

　反復処理を抜け出すには、処理内に if 文などで抜け出す設定をします。
for 文内の if 文　　最初の for 文に入るとすぐに if 文がありますが、これ
はBMIの判定を続けるかどうかを使用者に確認するための処理です（抜
け出すための判定処理）。本来、for 文は自身の構文の中で条件判定を
行っていて、設定した回数の反復処理後の終了設定がされていますが、
このように、その条件とは別に、必要に応じて if 文を用いて脱出処理を
させることもできます。

総集編　基本の基本でも、プログラムは作れる！　　129

カウンタ count 判定処理を行った回数を数えるカウンタの役割を果たす変数です。1を加える式になっていますが、足す前の count に加えることで、行った判定の回数を数えるようになっています。ここで得た数値は、判定結果を一覧表示するために用意した2つ目の if 文による反復処理の終了判定に使っています。

名前とメッセージの収納に配列が使われている 2つの配列 myDisplay と user は、プログラムの終了前に判定結果を一覧表示するために用意しました（初期化はプログラムの冒頭で行っている）。配列 myDisplay には順番に「○○さん、あなたは△△と判定されました」という文字列が入ります。文字列を作って配列に代入している部分は、プログラムでは前後に空行を入れ、見やすくしてあります。確認してください。

変数 inx に 99999 を強制代入 プログラムを上から見てくると、else 文の中にある inx ＝ 99999 という箇所が目につくと思います。ここは BMI の判定をせずに、プログラムを終了するときの前処理です。for 文を制御する変数 inx に強制的に 99999 を代入し、反復処理から抜け出す準備をしています。

　以上が、このプログラムの本体ともいえる for 文による最初の反復処理におけるポイントになります。続いて、このプログラムの終了処理についてもポイントを説明しておきましょう。

変数 count の内容で終了処理を分ける 先の for 文を抜け出すと、if (count != 0) で始まる部分に処理が移ります。この if 文以下が終了処理になります。

　ここでも if 文を使っているのは、終了に2種類の場合があるからです。1つは、BMI 判定を一度も実行せずに抜け出す場合。もう1つは、何回か BMI 判定を行ったあとに抜け出す場合です。

　count が0でなければ、BMI の判定が一度以上行われていることにな

りますので、その場合は判定結果の一覧表示を行ってから、「終了します」を表示します。

countが0の場合は、一覧表示をせずに「終了します」を表示します。

エスケープシーケンスで「改行」を入れる allDisplay = allDisplay + myDisplay[inx] + "\n"では、配列myDisplayに入っている複数の判定メッセージを一覧で表示できるように1つの変数allDisplayにまとめています。ここで注意してほしいのは、\nの記述です（¥（半角の円マーク）は \（バックスラッシュ）で表示されることもある）。初めて出てきましたが、これはエスケープシーケンスという特殊文字の一種で「改行」という意味があります（ここでは詳述しませんが、エスケープシーケンスは、多くのプログラミング言語で使えるようになっている特殊文字）。つまり、ここでは、allDisplayという変数に判定メッセージを1つ入れたあとに「改行」を入れて、次の判定メッセージを入れるというふうにしてあります。この「改行」が入ることで、allDisplay内にメッセージが箇条書き状態で書き込まれ、データが作成されます。

　いくつか新しい内容も入っていますが、基本的には、これまで学んできた事柄だけで作成したプログラムです。本書で紹介したのは、プログラミングの「基本の基本」という内容ですが、それでも、これだけのプログラムを作ることができます。とはいえ、プログラミング言語やプログラム構造を覚えるだけでは、プログラミングはできません。そこにはプログラムを作る人の発想が、より大切になります。紹介したプログラムには、その発想のヒントになる箇所も含まれていて、そのことも含めてポイントで解説を加えています。参考にしてください。

　プログラムを何度か実行してみたり、処理の流れをプログラムリストで追ってみたりすると、よく理解できるはずです。

総集編　基本の基本でも、プログラムは作れる！ 131

さて、どうでしたか。難しかったですか？　実際にプログラムを作って動かしてみると、「ああ、動いた！　わかった！」という実感があると思います。プログラミングを覚えようとすると、これからも学ぶことはたくさんありますが、この実感はいつも大切にしてください。しかし、本書でここまで覚えたら、とりあえずプログラミングの入門の入門は終了といって良いでしょう。

著者紹介

佐藤 信正（さとうのぶまさ）

　1957年、東京生まれ。国際基督教大学卒業後、同大学院に進む。専攻は言語学。テクニカルライターおよび技術英語翻訳者としてICT（情報通信技術）の各分野を扱ってきた。

　主な著書として、『クラウド技術とリッチクライアント/HTML5の常識―小さな会社のIT担当者が知らないと困る』（ソシム）、『ブラウザのしくみ』（技術評論社）、『JavaScript完全マスター 再入門編―基礎を極めるディープな知識から正規表現処理まで』（メディア・テック）、『はじめて作る人のためのiPhoneウェブ・アプリケーションf―Windows7Vista XP対応』（ラトルズ）などがある。

◎本書スタッフ
アートディレクター/装丁： 岡田 章志＋GY
編集・制作協力： 佐藤 弘文（さとう編集工房）
デジタル編集： 栗原 翔

●お断り
掲載したURLは2017年6月19日現在のものです。サイトの都合で変更されることがあります。また、電子版ではURLにハイパーリンクを設定していますが、端末やビューアー、リンク先のファイルタイプによっては表示されないことがあります。あらかじめご了承ください。
●本書の内容についてのお問い合わせ先
株式会社インプレスR&D　メール窓口
np-info@impress.co.jp
件名に「『本書名』問い合わせ係」と明記してお送りください。
電話やFAX、郵便でのご質問にはお答えできません。返信までには、しばらくお時間をいただく場合があります。なお、本書の範囲を超えるご質問にはお答えしかねますので、あらかじめご了承ください。
また、本書の内容についてはNextPublishingオフィシャルWebサイトにて情報を公開しております。
http://nextpublishing.jp/

●落丁・乱丁本はお手数ですが、インプレスカスタマーセンターまでお送りください。送料弊社負担にてお取り替えさせていただきます。但し、古書店で購入されたものについてはお取り替えできません。
■読者の窓口
インプレスカスタマーセンター
〒101-0051
東京都千代田区神田神保町一丁目105番地
TEL 03-6837-5016／FAX 03-6837-5023
info@impress.co.jp
■書店／販売店のご注文窓口
株式会社インプレス受注センター
TEL 048-449-8040／FAX 048-449-8041

プログラミングの基本がJavaScriptで学べる本

2017年7月28日　初版発行Ver.1.0（PDF版）

著　者　佐藤 信正
編集人　菊地 聡
発行人　井芹 昌信
発　行　株式会社インプレスR&D
　　　　〒101-0051
　　　　東京都千代田区神田神保町一丁目105番地
　　　　http://nextpublishing.jp/
発　売　株式会社インプレス
　　　　〒101-0051　東京都千代田区神田神保町一丁目105番地

●本書は著作権法上の保護を受けています。本書の一部あるいは全部について株式会社インプレスR&Dから文書による許諾を得ずに、いかなる方法においても無断で複写、複製することは禁じられています。

©2017 Nobumasa Sato. All rights reserved.
印刷・製本　京葉流通倉庫株式会社
Printed in Japan

ISBN978-4-8443-9784-7

NextPublishing®

●本書はNextPublishingメソッドによって発行されています。
NextPublishingメソッドは株式会社インプレスR&Dが開発した、電子書籍と印刷書籍を同時発行できるデジタルファースト型の新出版方式です。http://nextpublishing.jp/